名機オスプレイの呪《のろ》い

渓 由葵夫
Tani Yukio
画・河野嘉之

さくら舎

はじめに

オスプレイとは、アメリカ三軍（陸・海・空）悲願の、とにかく奇想天外な飛び方をする有人飛行機のことである。猛禽類《もうきんるい》のミサゴの英名でもある。これが沖縄普《ふ》天間《てんま》基地に配備されていれば、尖閣《せんかく》諸島などにどこよりもはやく兵士を送りこむことができる。

現在、領空侵犯してくる中国空軍機に対しては、そのつどスクランブルと称する緊急発進で現場に急行している。この役目を担っているのが、航空自衛隊のF－15Jイーグル要撃機だ。同型機をアメリカ空軍やイスラエル空軍ではファイター、つまり戦闘機と呼んでいる。しかし、日本の自衛隊では要撃機と呼ぶことになっている。

F－15は現役四〇年に迫ろうかという古い機体で、最高速度マッハ二・五を誇る。この機体が製造された一九七〇年代といえば、ジェット戦闘機の性能がピークに達した時代で、以後特筆すべき性能の機体はほとんど開発されていない。ジェット戦闘機のエンジン及びスピードが進化しなかった理由は、敵対国や紛争国にアメリカ製以上の機体がなかったことがあげられる。

一九八〇年代には、ジェット戦闘機用に「フライ・バイ・ワイア」システムが開発され、搭載されるようになった。つまり当時のコンピューター制御のようなシステムで、飛行管制と火器管制をコントロールするべく力を発揮した。

時は流れて、現代になると戦闘機の部品の九割以上が電子部品だといわれている。だから、機体の外観は変わらないものの、戦闘能力は比較にならないほど進化しているのだ。こうなると、機体整備が大変である。不具合に対処するスキルも昔の比ではなく、整備兵のスキルも相当上がっているはずだ。

現在もなお、新型戦闘機の開発は進んでいる。アメリカに限らず、航空エンジニアのつくりたいという願望と、新型兵器がほしいという軍人の欲望が合致した結果である。わが航空自衛隊も、F－35をずっとほしがっている。一〇年ほど開発しているようだが、いまだ完成していない。開発が遅れている最大の要因は、アメリカ政府の軍事予算削減にあるといわれている。

戦闘機に限らず、軍用機は膨大な開発予算もさることながら、完成したあといったん配備が始まれば、管理コスト、運用コストも高くつく。高性能であればあるほど、高額になる。

ならば……というわけで完成したのが、「輸送機として優秀である」というふれこみのオスプレイだったのだ。

オスプレイの性能が低レベルだといっているわけではない。空飛ぶ軍用機の役割を見ると、戦闘機は高速飛行と低速飛行において、要求される性能がまったく異なり、しかも両方が要求されるのだ。

つまり、敵機の追撃、追尾、さらに戦場への急行そして戦闘、あとは戦場からの急速離脱という仕事があり、スピードを重視しつつ、低速での戦闘にも耐えうるという複雑にして高度な性能が要求される。もちろん、敵の攻撃を避けることも重要な仕事である。

比べて輸送機は、おおむね制空権を確保した空域において、兵員や物資の輸送がおもな任務となる。だから、戦闘機ほど「ややこしくない」つくりでいい。

本文でも述べるが、飛行機の垂直上昇と転換飛行は、アメリカ航空産業の悲願となっていた。投じた予算と開発年月を考えると、形にせずにはすまない状況となっていたのだ。ヘリコプターで有名なベル社などは、このプランひと筋に半世紀を費やしている。

そこに、アメリカ最大のボーイング社が加わったジョイントベンチャーが、ついにオスプレイを完成させた。完成といっても、とりあえず飛ぶことに成功したというレベルである。いくら訓練をしようが、実践に投入しない限り、兵器として真の完成を見ることはない。

では、どの戦線に投入するか。

沖縄に配備されたオスプレイの数は現在二四機。すべてアメリカ海兵隊が運用している。いっせいに出撃すると、およそ五〇〇人の兵士を運ぶことができる。陸軍や空軍だと、おもに輸送任務と推測できるが、海兵隊の場合、運用に幅が出てくる。そのことを踏まえ、オスプレイが沖縄に配備されたという事実を、作戦面から考えてみよう。

目の前にあるのは中国大陸、朝鮮半島、もちろん台湾も近い。配備直前に、山口県岩国《いわくに》基地から沖縄まで飛行したことが、デモンストレーションとして大きな効果を上げたようだ。空中給油なしで、一〇〇〇キロ以上の距離を楽々と飛んで見せたのだ。ニュース映像が繰り返し流れ、当然隣国の知るところとなるはずだ。右記三地域は脅威を感じたことだろう。とりわけ、中国が制空権、制海権について宣言し始めたのは、オスプレイに代表されるアメリカ海兵隊の動向を牽制《けんせい》するためという見方もできる。

制空権や制海権を主張し、周辺国に遵守《じゅんしゅ》させるには、強大な軍事力が必要で、だから中国はいま、自前の戦闘機はもちろん、空母までもつくっている。艦船も尖閣海域に出没しているし、中国海軍潜水艦の映像もニュースで流れていた。

原子力潜水艦の場合は浮上航行する必要もない。空中や海上から探知することは不可能なので、どこの国の潜水艦が何の目的で何隻《せき》いるか、わからない。ただ、アメリカ海軍だけは、中距離弾道ミサイルを搭載している潜水艦があると、公式に発表している。インド洋からモスクワが射程圏で、東シナ海から中国のどの都市でも狙えるところにあるということになる。

このきな臭い状況を、実際に中国サイド、あるいは日米同盟が演出してしまった場合、どうなるか。もう四〇年以上も前に筒井《つつい》康隆《やすたか》が書いた『48億の妄想』の世界が現実になりかねない。マスコミが演出した「やらせの戦争」が現実のものになる、というストーリーである。

オスプレイは、こうした可能性を浮き彫りにして見せた。

先の大戦後、日本は飛行機をつくることがなくなった。そして、より進化したジェット機を買うこととなった。当然、飛行機製造に関する技術は失われる。かつて飛行機をつくり、高度成長期を支えた多くのエンジニアたちにとって、その喪失感はいかばかりのものだっただろう。

以後の世代にとって、「飛行機がつくれない」ことは日常となった。考えることすらなくなったようにみえる。

日本政府はというと、尖閣諸島を国有地として登録した。当然、中国が怒った。

そんな最中《さなか》に、突如としてやってきたのがオスプレイだ。まったく新しく、「飛行機がつくれない」日本人にとっては、もはや想像を絶する飛行機である。

そんな機体がやってきたのだ。

果たして、その結末はいかに。

目次◉名機オスプレイの呪い

第2章　軍用機の進化――オスプレイのご先祖さま

第3章　垂直上昇への挑戦——オスプレイへの道

第4章　羽根をもがれた日本——オスプレイの怨念

第5章　国防とは何か――オスプレイの功罪

名機オスプレイの呪《のろ》い

第1章

あい、つがやってきた——オスプレイのひみつ

マスコミとオスプレイ

オスプレイという変わった飛行機が話題になっている。
コンパクトな胴体に主翼が立っていて、翼の先にあるエンジンには大きなローター（プロペラ）が二つ付いている。これを回転させて上昇し、空中で翼を倒して大きなプロペラで前進する、という革命的な飛行機だ。

姿形が大変ユニークなせいか、テレビや新聞から、ネット上の情報まで、ありとあらゆる媒体に、オスプレイという言葉と映像があふれかえっている。少し前までは、一部の航空マニア以外、その存在すら知られていなかった軍用機が、である。

身近な話題としては、「オスプレイから液体の入ったボトルが落下した」とか。目撃者がいて、落下したペットボトルを拾ったのだろう。あるいは動画を撮影していたのかもしれない。

また、「取り決めと違うルートを、夜間飛んでいた」とか。飛行ルートとは、地図上の線のことだろうか。一緒に飛ばない限り確認はできないはずだ。夜間だから、地上で聞いた音でそう思いこんだ可能性もある。

「確認したところ違反はなかった」という報道もあった。これは防衛省側のコメントだが、口頭あるいは文書でアメリカ海兵隊サイドに申し入れたのか。だとしたら、アメリカ軍側も文書または口頭で

「違反はしていない」と言うだろう。その方が波風も立たないだろう。

いずれも、テレビニュースとして、どんどん垂れ流されている。

そういえば、滋賀県高島市《たかしま》にある、陸上自衛隊饗庭野《あいばの》演習場で、日米合同オスプレイ訓練が始まった。二〇一三年一〇月のことである。ついにオスプレイの本土上陸評価訓練が始まる。

きな臭くなってきた集団的自衛権の議論。実施にあたっては、アメリカ海兵隊を模した部隊を「自衛隊内に創設する」という目論見《もくろみ》があるようだ。そういった部隊にＭＶ－22オスプレイは不可欠だ、とわが政府が考えていることは明白だろう。防衛省では今後五年間で一七機のオスプレイを、一機一〇〇億円で購入予定だという。

配備から一年経った時点で、普天間《ふてんま》のオスプレイは事故を起こしていない。これがどういうことなのか、誰もコメントしない。報道は、ただ淡々と伝えるだけだ。

ところで、昨今わが国のコメントの流行は「丁寧《ていねい》な説明を」と「再発防止」だ。政府や重大な事故や失態をおかした企業、あるいは団体が決まって口にする言葉だ。「丁寧な説明」とは、口調はおだやかで腰を低くして説明すること。内容はわかりにくい場合が多い。「再発防止」といってもたいてい再発しているし、再発していないのなら、隠しているのでは？　という疑いがぬぐえない。

さて、饗庭野演習場でオスプレイの日米合同訓練を行う、という発表は既成事実である。そして、「丁寧な説明を」するべく、防衛省の役人たちが高島市にやってきたことがニュースになる。

もごもごと話す役人たちに、地元の人たちの追及は厳しい。役人たちの説明内容が要領をえないのだろう。「(オスプレイという)重大な事故を起こした機体の運用は許せない」というような意味のことを、大声でまくしたてている。

当然のことだが、オスプレイのアメリカ国内における事故、あるいはアフガニスタンでの事故については、アメリカ国防総省の発表を根拠としている。つまり、アメリカ側が口をつぐんでいれば、日本の省庁、報道機関、そして国民は知るよしもなかった、ということになる。

日本の関係者は、誰も事故現場すら見ていないと推測される。にもかかわらず、われわれは事実として受け止めているうえに、「危険な飛行機」としてレッテルを貼っている。はやい話が、相手から聞いた情報を鵜呑《うの》みにして相手を責めているという、まことにとんちんかんな状況になっている。

また、「訓練飛行のルートを明らかにせよ」という声もある。

たしかに必要なことだが、われわれは日々ものすごい数の民間旅客機が頭上を飛んでいることを知らないはずはない。では、それら旅客機が何時ごろどこを飛んでいるか、ちゃんと把握しているだろうか。

ましてやオスプレイは軍用機である。飛行ルートは軍事上の機密だ。そして、オスプレイはアメリカ海兵隊の所有するところにあり、運用も所有者の判断による。それについて、わが国の防衛省、あるいは外務省に伝達してあるのかはわからない。

だから「訓練飛行ルートを開示せよ」とは、いったい誰に言っているのか、わからない。オスプレイという言葉が出れば、さまざまな反応が起こる。浮かれすぎだ。

普天間の価値

二〇一二年、沖縄では「オスプレイ配備反対」のデモが繰り返されていた。

ご存じの通り、アメリカ合衆国海兵隊（U.S.MARINES）航空基地である普天間飛行場は、住宅密集地のど真ん中にある。墜落事故の危険性を考慮すると、これ以上の新兵器導入に対して、反対の意思表示をすることは当然といえる。基地周辺に墜落すれば、多くの被害が出る。住宅火災や、住民の命も危ない。もちろん、パイロットの命も。

沖縄県知事ほか行政側の発言を注意深く聴いていると、主張のひとつに「どこかほかの都道府県に肩代わりしてほしい」というニュアンスがある。

もっともな話だ。

サンフランシスコ講和条約（一九五一年）の交換条件とされる、アメリカ軍の日本駐留を永久化する合意は、現在も生きている。日米安全保障条約という名のもとに。だから、独立国のはずの日本に、アメリカ軍基地がある。ならば、日本国として「その負担を分かち合う」こともまた、当然であろう。

ただし、講和条約が成ったあとも、一九七二年に返還されるまで沖縄はずっとアメリカの植民地のままだった。

地政学的見地で考えてみよう。

中国、朝鮮半島、そして台湾および東南アジアに対する軍事的抑止力を考慮すると、アメリカ軍にとって沖縄というロケーションがもっとも望ましい。言い換えれば、有利である。

沖縄を中心に据えて地図をながめると、真向かいに中国本土があり、北東に朝鮮半島がある。南西には台湾があり、その先にはフィリピンや香港がある。どの地域で問題が起こっても、アメリカ海兵隊はすぐに出動可能だ。うたい文句は、「地球規模の緊急即応部隊」だから。

こんなロケーションをアメリカが手放すはずはない。戦争の可能性がある限り、手放すわけはないのだ。

もっとも、戦争の形が劇的に変化して人が必要なくなったら、日米安保条約が破棄され、日本国内のアメリカ駐留軍はすべて引き揚げるかもしれない。ただし、そのときはもっと恐ろしい時代になっているだろう。

アメリカですでに実用化され、アフガニスタンなどに投入されている無人機（偵察任務といっているが、攻撃機もあるようだ）は、形は飛行機だが、実体はロボットである。安全な場所で、パイロットではない人が、モニターを見ながら機体をコントロールしている映像がある。

まさにシューティングゲームの感覚で、人が死ぬ。

地上戦においても、無人戦場という名目で、戦闘用ロボットは陸上自衛隊などでも古くから研究が進んでいる。もちろん、アメリカやロシアで研究されていないわけがない。もっとも、あちらの映像も資料も日本のマスコミでは流れないのだから、憶測の域を出ない話ではある。

ヘリとの違い

オスプレイとは、ベル社とボーイング社の共同開発により完成し、アメリカ海兵隊およびアメリカ空軍に採用された、三枚羽根のプロペラ（メーカー技術マニュアルには、プロップローターと記載）によって垂直上昇し、かつ水平飛行も可能な軍用機である。エンジンとプロペラを斜め四五度に傾けると、ＳＴＯＬ（short takeoff and landing）、すなわち短距離離陸も可能となる。

予定されている任務は、兵員および物資の輸送だ。制式名称は、海兵隊使用の機体が、ＭＶ－22Ｂオスプレイ。空軍使用の機体は、ＣＶ－22Ｂオスプレイという。

オスプレイは「航空エンジニアたちの夢をかなえた飛行機」である。オスプレイの本質は「飛行場のいらない飛行機」なのだ。ビルの屋上や公園からでも離発着できる。

オスプレイのサイズは、全長が六三フィート、翼とプロペラを展開した状態での全幅は八三フィート一〇インチ。プロペラとエンジン、翼を折りたたんだ状態での幅は一八フィート五インチで、全高一八フィート三インチ。一フィートは約三〇センチ、一インチは約二・五センチなので、数字だけを見ると、それほど大きな機体ではない。

三枚羽根のプロペラは、それぞれ、赤、緑、白に塗り分けられている。

「飛行場がいらない」というなら、「ヘリコプターがあるじゃないか」という意見もある。しかし、ヘリとオスプレイではスピードが違う。

オスプレイのスピードは、現行時速にして約五二〇キロ。ヘリの倍の速さで飛ぶことができる。航続距離も、岩国～沖縄間約一〇〇〇キロを無給油で飛行し、余裕を見せた。

ヘリは一〇〇〇キロを飛ぶことはない。そういう用途は想定されていないからだ。ヘリが前進するには、機体をやや斜め前方に傾ける必要がある。これはプロペラ機と比べると、そうとう無理がある飛び方だ。しかし、ヘリを飛行体として認識したうえで、運用する前提条件でもある。

安定した飛行と、そこそこのスピードを得るには、エンジン馬力を大きくするか、羽根の枚数を増やすことで対応してきた。これらの機能向上が、ヘリの安定した飛行を保障することにつながり、安全な飛行を確保するにいたったわけだ。

ヘリの機体を水平位置に保っておくと、いわゆるホバリング状態となって、空中に静止することが可能となる。そして、ホバリングこそがヘリに要求される大きな能力のひとつでもある。ホバリング機能があればこそ、海難事故などで水中に投げ出された人を救助したり、山で遭難したり、地震などで孤立した人たちを救助できるのだ。

3 枚羽根のプロペラで垂直飛行するオスプレイ

ホバリング状態で、空中で静止もできる

オスプレイにも、当然ホバリング機能がある。日本配備のオスプレイを、災害救助などに運用するかどうかは在日アメリカ海兵隊が決めることだが、能力はあると見ていいだろう。

オスプレイが「ちゃんと飛んでいる姿」は、ニュースなどのライブ映像で見た。まさか模型やCG（コンピューターグラフィックス）によるやらせではないだろう。

映像を見た限りでは、マイケル・ベイ監督によるハリウッド映画『トランスフォーマー』シリーズに登場する機体がオスプレイだ。この映画はアメリカ空軍とのタイアップだから、当然本物のオスプレイが飛ぶ映像がふんだんに使われている。

とりわけ、第三作『トランスフォーマー／ダークサイド・ムーン』では、多数のオスプレイから兵士たちが降下するシーンが印象的だ。考えられるオスプレイの運用法のひとつだろう。

ポール・W・S・アンダーソン監督による『バイオハザード』シリーズ（ⅣとⅤ）にも、オスプレイが登場する。描き方に差はあるが、映像で確認できることは共通している。新しい飛行機だけに、世界相手に映画を売る産業としては、ぜひとも使ってみたいのだろう。

よけいなお世話かもしれないが、映画に登場するオスプレイは、観賞する人たちにある種の衝撃や驚きを与えるために、技術の粋を用いて撮影されているので、現実の姿ではないことを強調しておこう。

武器はあるのか

オスプレイは輸送機である。ただ、転換飛行が可能な実験機ではない。完成した軍用機なのだ。車と比較するなら、スピード命のレーシングカーではなく、貨物トラックなのだ。ベンツでいうなら、あれは多目的作業用自動車、ウニモグだ。

もっとわかりやすくいうと、オスプレイは「働く飛行機」ということになる。とはいえ、オスプレイは軍用機である。実際に運用されるケースは、まず「戦場で」となる。

戦場で、輸送機は標的になりやすい。オスプレイに、自らを守る武器はあるのか？　答えは「ないに等しいけれど、あることはある」という程度である。

かつての軍事常識では、輸送機や爆撃機など対空戦闘が運用目的ではない機体には、護衛戦闘機を帯同することが基本であった。

しかし、現代の戦争、あるいは戦闘においては、制空権を確保することを最優先とする。まずは敵の航空兵力を壊滅させること。続いて地上からの対空兵器の駆除があって、ようやく爆撃機や輸送機を投入可能な状態になる。

湾岸戦争もイラク戦争も、アメリカ軍はこういった戦術で戦った。

オスプレイが強力な武装を持たない（装備できない）ことについては理由がある。最大の理由は、設計上、戦闘用武器（機関銃など）を取り付ける場所がないことである。

垂直から水平への転換飛行時

たとえば、胴体横に取り付けたとしよう（ドアガン、またはウインドウガン）。その場合、左右にある大きなエンジンとプロペラが射角に入るので適当ではない。危なくてしょうがないのだ。射撃の際、誤って当たったら即、墜落となる。

ならば、戦闘ヘリのように機首に取り付けてはどうかという案も検討されたようだが、実現にはいたっていない。推測の域を出ないが、水平飛行時に敵と遭遇した場合、垂直姿勢で武器を使用する事態が発生した場合、あるいは転換飛行の最中に、と考えると、実現は困難と判断したのだろう。

残るスペースは、オスプレイ後部のカーゴランプ（兵士たちが乗り降りするドア）がある。ここに機関銃を搭載することは可能だ。しかし、開け放った胴体後部だと、離発着の際の安全確保くらいが関の山だ。気休め程度の武装、といっていいだろう。

そこで検討されたのが、機体下部にセンサーと機関銃を装着して、パイロットがリモコンで操作するというシステムだ（RGS＝リモート・ガーディアン・システム）。もはやシューティングゲームの発想といえる。二〇一二年から導入された。

当然のことながら、オスプレイを投入するケースは、完全武装の兵員を乗せた状態ということになる。墜落すると、被害はパイロットだけでなく、肝心要の兵力も失う。

厳しい見方をすればつまり、オスプレイは「単独運用できない軍用機」ということになる。

オスプレイ導入の裏事情

事故報道が先行したこと、また飛行形態が異様に見えることで、日本でオスプレイは嫌われている。飛行機に人格はないのだが、それでも好き嫌いの対象になっている。

なぜ、オスプレイが日本にやってきたのか？　もちろん、理由がある。

アメリカ海兵隊普天間基地には、兵員輸送のヘリコプターがある。現役のCH－46、CH－4Eシーナイトや CH－53Dシースタリオンが老朽化して危ない、という事情がある。まもなく退役予定なのだ。オスプレイは、これら輸送ヘリの後継機として配備された。

ならば、同じヘリコプターで交代させれば、という視点もあるだろうが、より速い新型をよしとする。それが軍における常識なのだ。その結果、これら旧式ヘリの生産は中止されている。

日本国内においても軍機に関する事情は同様で、さらに戦争や戦闘をしないことになっている日本の現状、さらに先の大戦でしたことが、日本をいちじるしく中途半端なポジションにしている。

航空自衛隊は、ある程度の年月ごとに次期要撃機（戦闘機のこと）選定という作業に入る。われわれ民間人には理解できない理由があるのだろう。

現在、日本の空を護っているのは、F－15Jイーグルである。三〇年ほど前に制式採用となった。イーグルは当時の最高水準にあった戦闘機で、マッハ二・五という驚異的なスピードで飛ぶ。調達価格は、一機あたり約一〇〇億円である。

ほかにも、同等の性能といわれる日米共同開発のF－2という戦闘機がある。F－2開発については諸説あって、純国産で進めたいという日本サイド（航空自衛隊や三菱重工など）の申し出を、アメリカ側が反対したともいわれている。アメリカ側の推薦するF－16ファルコンを拒否した日本サイドは、折れてファルコンを日本で改良する案を提示した。そんなドロ試合を経て誕生したのが、F－2というわけだ。

蛇足ながら、三菱重工小牧南工場では、「二〇〇〇年から続けてきたF－2の受注は、二〇一一年で終了した」と発表した。二〇一二年度から、イーグルやF－2の受注はない。飛行機をつくる技術が失われる、という懸念も出ている。

残念ながら、いかに懸念があろうと、オスプレイ配備反対運動があろうと、新しい機体への機種転換というアメリカ側の事情が優先してしまう。なにせ、戦後ずっと沖縄に米軍基地はあるのだ。基地内はアメリカの領土とみなされゲートには銃を持った衛兵が、二四時間番をしている。もっとも、現地採用という名目で、飲食店および販売、清掃などの仕事で基地勤務している日本人は多い。基地がなくなるとその人たちは職を失うわけだから、基地問題は悩ましい。

ほかにも、「基地祭」などの名目でマニアたちを受け入れて、地元との交流をはかるというポーズは見せる。もちろん、マスコミの要請があれば、積極的に受け入れてもいる。だから、われわれは基地内部の映像を見ることができるのだ。

オスプレイの可能性

オスプレイの可能性について考えてみよう。

普天間基地配備のオスプレイは、いまだ訓練飛行の段階にある。文字通り、と解釈していいだろう。パイロットの訓練なのだ。

しかし、今後の可能性となれば話は別だ。とりあえずは、地上からの離陸および着陸の訓練をしているが、いずれ強襲揚陸艦（上陸用船艇を搭載した艦船）からの離発着。そして補給艦からの離発着も可能となるだろう。

考えられる任務としては、空母艦載機の交換エンジンの空輸がある。ヘリでは不可能だった任務だ。

さらに可能性を見ると、空中給油機としての役割がある。ヘリポートさえあれば、地上であろうと、艦船であろうと、どこからでも発着できることが可能性を広げる。かなりのペイロード（可搬重量）があるから、給油タンクとホースさえあればいい。安易に聞こえるが、現代の最先端技術を満載した飛行機だから、実現可能だ。

まだある。負傷者の輸送だ。これもヘリより速いことが、命を救う確率を大きく押し上げる。さらに、機内スペースが広いことと、安定した飛行ができることを考慮すれば、医療機器などを搭載し、地上、空中を問わず治療することが可能となる。病院機としても機能できるわけだ。

オスプレイが空母以外の艦船に搭載できることを前提にすると、当然のことながら、観測任務や偵察任務にも対応できる。この任務を、いまでは「早期警戒機」と呼ぶ。

とはいえ、もっとも重要な任務は、敵地への兵員輸送と回収であることはいうまでもない。とりわけ、兵士たちの脱出というケースを考えると、離陸スピードはヘリと変わらないだろうが、いったん水平飛行モードになると、スピードは段違いだ。これまた、兵士の命を助ける確率は大幅にアップする。

アメリカ海軍も調達するそうだが、海軍にはかの有名なシールズ（ＳＥＡＬｓ）という特殊部隊がある。その活躍は、ハリウッド映画に何度も登場している。完全なフィクションであるから、そのまま信じることはできないものの、アメリカ海軍当局は、否定も肯定もしていない。発言することが、

水平飛行時はプロペラ機のような姿になる

水平飛行モードになると、そのスピードはヘリとは段違い

任務の秘匿《ひとく》性を危険にさらすからだ。

オスプレイは、このシールズによる、決して表に出ない任務にも適しているようだ。

なぜ導入に反対するのか

二〇一二年一〇月一日午前九時ごろ、アメリカ海兵隊所属のMV－22Bオスプレイ二機編隊が、山口県岩国《いわくに》市にあるアメリカ海兵隊岩国基地から飛び立った。二機のオスプレイは、約一〇〇〇キロの距離を、およそ二時間かけて沖縄県普天間基地に着陸した。その後、次々と普天間基地に着陸する報道映像が流れた。垂直安定板（または垂直尾翼）をオレンジに塗った、機体番号00（報道では隊長機）のオスプレイも着陸した。

飛行高度は不明だが、ヘリからの撮影だったので、それほど高いところを飛んでいたわけではない。それよりも、日本中のマスコミがこぞってオスプレイ飛行の模様を流したことが驚きだった。

この映像は、マスコミにとっても、われわれ一般国民にとっても流す価値があったと考える。なぜなら、「オスプレイは、事故を多発している危険な飛行機」というネガティブイメージが、人々の間に形成されつつあったからだ。

幸か不幸か、オスプレイはまったく危なげない飛行で、一〇〇〇キロもの距離を移動してみせた。少なくとも映像を見る限り、そう見えた。この日飛んだのは、一二機のうち九機だった。

アナウンサーは、何らかの原因で飛ばなかったオスプレイ三機に言及していた。「故障している」とか、「部品を本国から取り寄せている」とか。いずれも憶測の域を出ない発言だ。アメリカ海兵隊もバカじゃないだろう。もっとも状態のよいオスプレイを日本に搬入し、わずかでも不安があれば飛行させせない。パイロットの技量も同様だったろう。熟練した人材を充てたに違いない。

それよりも、オスプレイの機体構造に問題があるかどうかが問題なのだ。日本のマスコミというより、多くの日本人はそのあたりを見極めたかったのかもしれない。

若い人は知る由《よし》もない話だが、原子力空母が横須賀に入港するようになったのは、ベトナム戦争末期の一九七三年以降である。今ではアメリカ海軍第七艦隊の通常任務として、日米地位協定に基づき、基地のある港ならどこでも入港できる。かつて、あれほど追いかけていたマスコミも、時の流れとともに、報道しないことがベストというスタンスである。

当時に戻ろう。原子力空母寄港に反対する人が多かった。「ニュークリア・キャリア」を翻訳すると、原子力空母となる。原子力とついただけで、日本人は拒否反応を起こす。どんな空母なのか、その詳細はわからないが、原子力だから反対なのだ。

デモする人々は、それぞれスローガンを記した旗やプラカードを掲げて、気勢を上げた。彼らが乗った小船の大群が、空母のまわりを取り囲んだ報道映像が流れた。

「なんて危ないことをするんだ。この人たちは正気か？」と、若かった私は思った。

相手はアメリカ海軍。乗っている人はすべて軍人だ。しかも、言葉は通じない。となれば、艦上から銃撃される可能性がある。

つまり、港を埋め尽くした抗議デモ参加者たちは、「アメリカが銃撃なんて、そんなことをするはずがない」と思いこんでいたのかもしれない。安全神話にとり憑《つ》かれていたのだ。

大震災と津波によって、徹底的に破壊された福島第一原子力発電所は、安全神話が崩壊したケースだ。廃炉《はいろ》にするという。しかし、廃炉は四〇年後になる、ともいわれている。

四〇年後、いま現役で責任ある立場の人のうち、いったいどれだけの人数が生きているだろう。その立場にいる人が現在五〇歳だとして、そのときは九〇歳だ。生存確率を計算に入れたとして、何人の人たちが生きているのか。いったいどうやって責任を果たすというのだろうか。

安全神話というのは、われわれ日本人の勝手な思いこみにすぎない。「悪い話は聞きたくない。聞かせないでくれ」というのが、安全神話のお題目だ。

詳細もわからないうちに、徹底的に「危険だから排除しろ」といい始める。これまた、決まり文句である。日本人の気質ともいえる集団主義が安全神話を生み、オスプレイという猛禽の影におびえているのだ。

尖閣問題との関係

二〇一二年、日本政府は尖閣《せんかく》諸島を国有化した。中国で大規模な反日デモが起こった。日系の企業や商業施設が破壊された。ただし、従業員のほとんどは中国人だったし、飲食店の中には中国人経営のものもあった。

生々しい映像が、毎日のように流れた。中国からの観光客は減り、日本人もまた中国観光をあきらめる人が多かった。

これが自民党単独支配の時代なら、なんとかことを治めにかかったかもしれない。しかし、時代は民主党政権だ。年配が多かった自民党に比して、民主党幹部のほとんどが五〇代。「尖閣諸島は日本固有の領土。したがって領土問題はそもそも存在しない」と、当時の首相は木で鼻をくったかのごとき発言を繰り返した。

そんな騒ぎの最中に、オスプレイは日本に配備された。

すでに述べたように、現用輸送ヘリの老朽化にともない、オスプレイという最新鋭の飛行機を、代わる輸送手段とするべく、アメリカ海兵隊が普天間基地に配備したのだ。

うがった見方をするならば、日本政府は「オスプレイ配備反対のデモ」を利用したのではないだろうか？　反対運動が大きくなれば、日本のマスコミはこれに飛びつく。映像はどんどん流れる。大きなプロペラで飛ぶ珍しい飛行機の姿が繰り返し流れる。

オスプレイの日本配備という現実は、基本的には、アメリカ海兵隊の装備が変更されたにすぎない。装備の変更だけでは、あまりニュースバリューはない。ほかに大きな事件でもあれば、ニュースとしては流れなかっただろう。

しかし、新規配備された機体はMV－22Bオスプレイだった。オスプレイにニュースバリューがあったのだ。「変な飛び方をする」、「事故が多発しているらしい」などの印象が、ニュースとしての価値を上げたのだ。

軍備や兵器に興味がなかった人も、ニュースとして見てしまう。「変な飛び方」と「事故多発」というコメントは、多くの日本人に「なになに、どういうこと？」と興味を抱かせる。

日本の報道は中国に流れる。しかし、新華社通信などの国営メディアは、オスプレイに関する情報をあえて流さない。なぜ流さないのか。無視したのだろうか。

いや、違う。中国政府にとって、都合が悪い内容だからだ。こんな映像を見せれば、日本の一〇倍の人口を抱える中国では、憶測が憶測を呼び、何が起こるかわからない。これが怖い。ひょっとして、中国政府はオスプレイを過大評価したのかもしれない。

中国政府は、新型軍用機展示会を開催した。二〇一二年一一月のことだ。中国初のステルス戦闘機の模型や、中国初の無人偵察機の模型などの映像が、日本でも流れた。当該機体はいずれもシートで覆われていたのが印象的だった。

「本当に飛ぶのか？」

「本当にレーダーには映らないのか？」

私は懐疑的な見方をする。そもそも、中国に空軍があることにすら懐疑的だ。中国製戦闘機が戦っている姿を、加工なしの映像で見たことがない。ネット動画の時代になっても、だ。

飛行機開発には、気の遠くなるほどの時間、多大な投資と優秀なデザイナーやエンジニアの存在が不可欠である。なによりも大切なことは、空への夢とあこがれだ。

それらの要素がすべてあるのが、アメリカという国なのだ。中国にそれがあるだろうか。

近代アメリカの実力を知っているのは、ベトナム、イラン、イラク、アフガニスタン、パキスタンくらいだろう。

もちろん、日本もいまのアメリカの戦力は知らない。駐屯《ちゅうとん》しているアメリカ軍人の数はおおかた把握している。飛行機をはじめとする兵器のスペックや数も承知している。だが、戦ってみなければ、強さも弱さもわからない。大昔に、徹底的に爆撃されたあと、日本はアメリカに逆らっていない。

オスプレイの本格的な訓練は、これから始まる。いずれ尖閣諸島へ着陸する可能性もある。

じつは、こんな騒ぎになる以前、尖閣諸島も沖縄駐在のアメリカ海兵隊の訓練地のひとつだった。ＣＨ－46で着陸訓練をしていたのだ。ＣＨ－46の老朽化にともない、交代で任務にあたるのが、ＭＶ－22Ｂオスプレイだ。

尖閣騒動の最中、ヒラリー・クリントン国務長官（当時）は、尖閣諸島が日米安保条約の適用対象であるとしたうえで、「日本の施政を害しようとするいかなる行為にも反対する」というような意味の発言をした。発言時期を考慮すれば、「いかなる行為」は、尖閣侵犯を指している。

退任前の発言だから、これはヒラリー個人としての発言ではない。アメリカ国務長官の発言だ。「行くときが来たら行ってもかまわない」と言ったのだ。

オスプレイ反対デモの報道時間を通算すれば、莫大《ばくだい》なものとなる。そして、とりわけ、中国は日本の報道を重視している。日米の意図するところであったかどうかは不明だが、結果としてオスプレイの力を伝えることはできたかもしれない。

その答えが、中国による尖閣諸島周辺への、しつこいまでの接近ととれなくもない。

訓練地グアム移転の意図は何か

オスプレイの訓練地を「一部グアムへ移転」という報道があった。二〇一二年一一月のことだ。すでに発表ずみの、国内を縦横に移動する訓練とは一線を画す飛行計画だ。

ひと昔前なら、つまり旧自民党政権時代なら、発表すらなかっただろう。

ほぼ五〇代の幹部で構成された民主党内閣は、何でもかんでも明らかにして、国民に知らせるようになった。「丁寧な説明」というフレーズだ。あるいは、何かあったときの「再発防止」というフレーズも得意になって使用した。

自民党時代の「見ざる、聞かざる、言わざる」が習い性になった国民は、「グアム移転」をはじめ、民主党の「何でもかんでも中途半端に明らかにする」という方針に少し戸惑ったものだ。

ここで、アメリカ海兵隊の視点から、訓練地の意味について考えてみよう。

オスプレイが日本列島上空を飛び回るのは、おそらく朝鮮半島や中国沿海部、そして東南アジアでの作戦を前提とした飛行訓練の一環と見ていい。なにしろ、日本は温暖化のせいで、夏場は熱帯性気候と化している。東南アジアとそう変わらない気候条件といえるからだ。

もちろん、事故で墜落することも訓練のうちだ。墜落すれば、とうぜん海兵隊による救助が予想される。日本国内での空難事故は、国土交通省の管轄であるが、海兵隊が果たしてすんなりと引き下がるだろうか。そういった仮定も含めての訓練なのだ。われわれとしては、「そんなこと」がないよう祈るばかりだ。

では、グアム島への訓練地移転の意図は何か。

すでに述べたように、オスプレイには空中給油ができる機体としての機能も期待されるところだ。沖縄とグアムの間は約二〇〇〇キロの距離がある。この距離を飛行できれば、有事の際にアジア全域をカバーできる。そのための訓練地とも考えられる。

岩国—沖縄間の約一〇〇〇キロを、無給油で飛行したことは、報道映像でも確認できる。しかし、二〇〇〇キロとなると、どうなのか？　答が知りたければ、訓練に同行するしかない。しかし、報道ヘリが太平洋を渡ることは不可能なのだ。民間のＵＨ－１ヘリでは、燃料切れで墜落してしまうだろう。「行けるところまで」と、死を覚悟して取材する記者もおるまい。

空中給油機帯同ならば、オスプレイはどこまでも飛行可能となる。これが敵対国にとって怖い。軍事はリアルであればあるほど、怖いのだ。

辺野古移転の是非

最初のオスプレイ部隊一二機は、岩国基地を飛び立ち、沖縄県普天間基地に配備された。追加の一二機も到着した。とりあえず岩国に陸揚げされたことは、最初の一二機と同じだ。「いきなり沖縄に陸揚げすると、オスプレイに反感が強い沖縄県民を刺激するから」と、ニュースは伝えている。

陸上自衛隊も購入を検討している。前述したように、予定は一七機で、一機あたり一〇〇億円だ。使い勝手がよければ、空自も海自も購入するだろう。やはり、スピードとティルトローター（垂直離発着）機であることが、自衛隊関係者にとって大きな魅力なのだろう。

二〇一三年、自衛隊とアメリカ海兵隊の合同訓練がアメリカで行われた。「オスプレイが護衛艦ひゅうがの甲板に着艦成功」という報道も流れた。運用実績を着々と積み重ねているようだ。

それもこれも、すべて尖閣諸島の問題に端を発している。いわば、流れのきっかけは中国がつくってくれたといえる。

「いざというとき」がいつなのかは不明だが、日中同時に尖閣諸島上陸を目指したとして、オスプレイを有する日米同盟が圧倒的優位に立っていることは明らかだ。それを証明するための訓練であり、自衛隊の導入プランなのだから。

そういった意味では、もっとも配備すべき場所が普天間であるという事実は、いまさら地図を見るまでもない。オスプレイ配備反対を叫び、沖縄在留アメリカ軍を「県外へ」とする知事や議員たちの発言は、あきらかに中国政府寄り、ということになる。そう誤解されてもしかたがないし、政治的発言であることはいうまでもない。

そんななか、日本国政府による辺野古《へのこ》への移転案がある。

一九九二年、おもにアメリカ海軍が使用していたフィリピン・スービックエリアが返還された。軍港というのは、絶好のロケーションに置くものだ。

先の大戦前、フィリピンはアメリカ領であった。占領した国のいちばんおいしいところを頂くという寸法だ。だから、跡地は価値が高い。スービック湾跡地は、わが国のマスコミによると「経済特区として盛況をきわめている」という。

フィリピン・スービックエリアを視察した日本の防衛大臣は、沖縄普天間基地跡を「経済特区にすれば、資本誘致も可能だし、結果沖縄の人たちに雇用も生まれる」と楽観的なコメントをしていた。

マスコミは口を開けば経済特区だ、雇用拡大だと嬉しそうに報道する。リサーチもせず、ましてや裏も取らず、楽観的、希望的観測のみを口にする。

移転するしないにかかわらず、普天間はじめ沖縄の多くの在日アメリカ軍基地の使用権はアメリカにある。使用権については、日米安保の地位協定に基づく。

家主と店子《たなこ》の関係になぞらえて考えてみよう。

この場合、家主（日本国政府）の都合で引っ越しをお願いしているわけだから、店子（アメリカ）の引っ越し代金はもちろん、新たな住居も確保する必要がある。ところが、この新居予定地は景観がいいからと、近所の人たちが引っ越しを反対している。

店子は、いったいどうすればいいのか？　これが現在のアメリカの立場だ。

また、移転理由については、普天間基地周辺に住宅が密集していて、もしも墜落事故などがあった場合、住民に被害が出るおそれがあるとしている。これは日本サイドから基地移転をお願いする最大のポイントだろう。あくまでも、日本サイドからのみの視点である。

一方、海兵隊の立場から考えると、こうなる。

普天間基地は、海兵隊の足ともいえる航空機を置いておく場所だ。いわば、機動性が命の米海兵隊の要ともいえる、重要な施設である。昨今のように、中国の艦船が尖閣付近で領海侵犯し、また潜水艦が沖縄を越えて太平洋にまで航行しているとの報道を見ていると、さまざまな可能性を考えざるを得ない。

仮に、中国海軍の艦船が、沖縄北沖から普天間基地周辺に、焼夷弾《しょういだん》攻撃を仕掛けたらどうなるか？　周辺住宅地は火の海となり、普天間基地も蒸し焼きになるだろう。アメリカ政府や議会が問題にしている点は、海外米軍基地に致命的な被害が出ること、すなわちアメリカ海兵隊員の命を心配しているのだ。アメリカ政府にとって、守るべきはアメリカ国民である海兵隊員が第一である。沖縄の人々の命よりも優先する。だから移転したいのだと考えればいい。

双方、自国民の命を本当に心配しているのなら、基地の移転に関しても、オスプレイの配備に関しても、利害は一致しているはずだ。

オスプレイの配備反対について、二〇一三年七月一日、ＮＨＫの報道で、仲井眞弘多《なかいまひろかず》沖縄県知事は「オスプレイに対する不安は払拭《ふっしょく》されない」と発言していた。相変わらず主語のない政治的な発言である。こういった政治的発言になれていない方のためにあえて書くならば、「私の不安は払拭されない」か、あるいは発言者が知事だから「われわれの不安は払拭されない」となる。

「不安が払拭されない」のなら、沖縄県知事自身がオスプレイに乗って空を飛んで見せることだ。心配することはない。アフガニスタンに駐留する兵士を見舞うため、オバマ大統領だってオスプレイに乗って出かけていったのだから。わが総理大臣も乗ればいいと思うし、自民党幹事長などは知る人ぞ知る軍事オタクである。自ら手を挙げてでも乗りたいに違いない。

乗せてもらえないまでも、格納庫でのオスプレイ見学会が開催された。定員三〇〇人に対して、五〇〇人も希望者がいたそうだ。世間が騒ぐから見たくなる。日本人ならずとも、当然の好奇心といっていいだろう。

だからオスプレイは安全

世の中には、何によらず元締めという存在がある。親分といってもいい。アメリカは世界の親分を自認している国家だ。なぜアメリカ合衆国は世界の親分なのか？

ご存じのように、アメリカは移民で成り立っている国家だ。なかでも、最初に入植したとされる清教徒（メイフラワー号に乗って、イギリスから逃げてきたことに由来して、メイフラワー・ファミリーとも呼ばれている）がリーダーとして君臨していた。

あとからやってきたヨーロッパ各国の移民たちを蔑視《べっし》し、西へ南へと追いやった。そんなイギリス系移民にとって、最初の大きな試練は独立戦争だった。アメリカはからくもこの戦に勝利し、祖国＝親ばなれすることができた。

次なる試練は、おもに南部ルイジアナ地方に入植していた、フランス系移民と戦った南北戦争だった。ヤンキーと呼ばれる東部人たちによる軍は、奴隷《どれい》解放という旗印のもと、アフリカ系移民たちを味方につけ、いわば内戦に勝利した。

時は流れ、二〇世紀になって、第二次世界大戦のおまけのような戦争があった。たしかに資源に乏しい日本に対して、ＡＢＣＤ包囲網という名の経済封鎖を敷かれたことは事実だ。しかし、今だって多くの国連加盟国は北朝鮮やイランに対して、厳しい経済制裁を課している。いまでは日本も経済制裁をしている側の仲間だ。

ＡＢＣＤ、すなわちアメリカ、イギリス、オランダなどによる、日本に対しての資源輸出禁止措置は、あからさまな挑発行為であった。だが、一発の銃声も鳴らなかった。

にもかかわらず、当時の日本政府は、アメリカに対して一方的に真珠湾攻撃を仕掛けた。いわば軍事テロである。死んだ人の数は、九・一一の貿易センタービルでの犠牲者とほぼ同じ数だった。戦争であるから、ハワイ諸島を占領するのかと思いきや、日本帝国海軍連合艦隊は、そのまま日本に帰ってしまった。

第三二代大統領フランクリン・ルーズベルトは怒り、アメリカ議会も全会一致でルーズベルトを支持した。そして対日報復戦争が始まった。

およそ三年半後、アメリカは広島、長崎に原爆を投下した。日本は降伏した。アメリカ合衆国単独による、最初の対外戦争完全勝利だった。

日本という島国を攻略したＢ－29などの新兵器を開発し、また戦争を通じて巨大化した軍需産業を食わせるため、軍産複合体が完成した。

植民地が宗主国と戦って勝ち、主義主張や文化文明の違う移民同士が殺しあう内戦によって国家を統一し、アメリカにとってテロを仕掛けてきたアジアの島国との対外戦争に勝利した。

かくて、アメリカ合衆国は、ありあまる武器と勝利の経験に酔い、世界の警察を自任するようになったのだ。

視点を変えれば、こういうことになる。

「世界の紛争は、すべてアメリカの国内問題である」と。

こういった視点で、沖縄基地問題を見直すと、それが日本の国内問題であると考えているのは、世界でただ日本だけ、ということになる。

世界の親分たるアメリカが日本に配備した二四機のMV－22Bオスプレイは、その可能性を探るべく一瞬たりとも時間を無駄にせず、任務に就いている。その動向に、世界が注目している。そのオスプレイは、日本国内において決して事故を起こしてはならない飛行機なのだ。

そこまで注目されていて、事故など起こすものだろうか。そう考えたら、オスプレイはこのうえなく安全なのだと考えられないだろうか。

第2章

軍用機の進化

——オスプレイのご先祖さま

軍用機の誕生

大阪に、香川登枝緒《かがわとしお》という人がいた。『てなもんや三度笠』をはじめ、喜劇や漫才の台本を数多く手がけ、大阪ではキダ・タロー氏と並ぶユニークな人だった。牛乳瓶《びん》の底のような眼鏡をかけ、口角泡を飛ばして甲高い声でまくし立てる迫力は、いまの人には残念ながらない。その存在感は、他を大きく圧倒していたのだ。

発言内容はさらにユニークで、「あんな鉄の塊《かたまり》が、空を飛ぶわけありません。乗った人、見た人、いてはるやろけど、あれは全部、夢、幻なんです。もちろん、私も飛んでるの、見たことありますけど、やっぱり幻なんです」などと言う。

ここでいう「鉄」とは、香川氏にとっては金属全般を指す。香川氏は、「鉄の船が水に浮くわけありません」と、生涯、飛行機にも船にも乗ったことがないと主張していた。奇抜な発言というよりは、あまりに根源的かつ誰もが抱く疑問を、あえて口にすることで、人びとの注意を喚起していたのだ。

「そりゃそうだ、鉄の塊なんだから空を飛ぶはずはない」と。

「オスプレイが危険な飛行機だ」という意見の奥には、こうした素朴な疑問もあるのだろう。いまさら、誰も口にしないだけなのだ。

ここでは、オスプレイに至る飛行機の歴史とルーツを振り返ってみよう。

世界最初の動力付き飛行機、ライトフライヤー

世界最初に、動力付きの機体を操縦して空を飛んだのはライト兄弟である。ライトフライヤーというエンジン付きの機体で、ほんの少しだけ宙に浮いた。一九〇三年、アメリカにおいてのことだ。

わずか数年後、複葉機が登場した。新世紀に入り、平和な時代だったようで、誰かが手本を見せれば、ただちに応用し、改良するのは人間の性《さが》ともいおうか。とにかく新しいモノ好きと、空への憧れがあったようだ。

ほどなく第一次世界大戦が勃発《ぼっぱつ》した。一九一四年のことだ。おもに兵士対兵士の地上戦だったが、偵察任務として複葉機も戦場の上空を飛んだ。ついでにいうと、史上初のキャタピラ走行鋼鉄製戦車も、わずかだが投入された。地上では激しい戦闘が繰り広げられていたが、空中の飛行機は数も少なく、のんびりと空を飛んでいたようだ。地上の戦闘員、非戦闘員を問わず、空を飛ぶ人間の姿を初めて目にした。

こののんびりした飛行機が、どのように軍用機になったか、期間を短縮して考察しよう。

ある日のこと、敵方の飛行機に向かってレンガを投げた。地上では生きるか、死ぬかの戦闘をしているのだ。自分たちだけが「高みの見物」では申し訳ない……と思ったかどうかは知らないが、翌日には空の上でピストルの撃ち合いを始めた。そして次の日には、機関銃を持ち込んで撃ち合った。

こうして戦闘機が誕生した。さらに次の日には、点火したダイナマイトを投げつけた。爆撃機の誕生である——。

一九一八年一一月、ドイツの降伏によって戦争が終結するまでに、飛行機は軍用機として成長し、数と質が向上した。エンジンは星型（シリンダーを複数、放射状にレイアウトするデザイン）へと進化し、フレームも木製から金属製へ、羽布《はふ》張りの翼は波板鉄板へと変貌《へんぼう》をとげた。

およそ二〇年後に始まる第二次世界大戦までの間、飛行機は試行錯誤を重ね、大きな進歩を達成した。

ひとつ目は機体の大型化。エンジンを複数搭載することで、まず爆撃機が大型化し、同様に輸送機も大型化した。双発が基本だが、三発という変則的な機体もあった。また、多くの燃料を積むことが可能になったため、航続距離も伸びた。

二つ目は機体スピードの向上。エンジン単体の出力が向上したことが大きな要因だ。加えて複数のエンジンを搭載したことで、スピードアップも実現した。

三つ目は機体デザインおよび素材の変化。デザインという点では、新たなジャンルとして飛行艇《てい》も誕生した。スピードを追求した流線型デザインと、骨組みのない木製モノコックボディの採用によって、スピードが増したのが特徴だ。

さらに、飛行艇には二つの利点がある。ひとつは滑走路が不要なこと。もうひとつは、脚がいらないため、同じエンジンを使用するなら飛行艇の方がスピードが上回った、という厳然たる事実があった。当時、離陸や着陸に必要な飛行機の脚は固定式だったため、頑丈な脚は大きな空気抵抗となっていたのだ。

しかし、技術の進化により、飛行機の脚は引き込み式となり、飛行艇のメリットはひとつ消えた。また、飛行艇に滑走路は不要だが、海岸、川岸、湖畔でなければ離水と着水ができないという事実が、存続の道を絶たれる結果となった。

飛行艇の発達に貢献したドイツではあるが、海岸は北方にしかなく、河川の数も限られていたという理由もある。それより、飛行艇全盛時代のワイマール共和国時代のドイツは第一次世界大戦の賠償に苦しみ、飛行艇の開発どころではなかったという事情もある。

神風号、世界記録を樹立

第二次世界大戦が始まるまでは、世界は平和を謳歌していた。

アメリカにチャールズ・オーガスタス・リンドバーグという男がいた。一九二七年、彼は世界初の

大西洋横断無着陸飛行に成功したスピリット・オブ・セントルイス号

単身大西洋横断無着陸飛行に成功した。続いて一九三一年、北太平洋横断飛行にも成功している。

使用機体の名前は、「スピリット・オブ・セントルイス号」。波板鉄板製で直線的なフォルムの、ゴツゴツ感むき出しのシリンダーヘッドと排気管が、これぞ「男の道具」と主張していてかっこいい。

遅れること一〇年、日本も世界の空へと羽ばたいた。

一九三七年元旦、朝日新聞は「亜欧連絡大飛行」の大見出しで紙面をにぎわせた。当日の記事によると、「最新鋭を誇る低翼単葉単発動機の高速度通信機（乗員二名）で翼長一二メートル、最高速度実に五〇〇キロを誇り、純国産機ナンバーワンとして、よく亜欧連絡記録大飛行にその威力を発揮すべきを確信する」とある。「誇る」という文字を二度も使うほどの入れこみようは、当時の日本を知るうえでの大きな証拠にもなる。欧米に負けるものか、というわけだ。

使用された機体は、その名も「神風号」。朝日新聞が行った機

都市間連絡飛行の世界記録を樹立した国産飛行機、神風号

名公募によって命名された。ちなみに応募総数は約五四万通だったという。この一大冒険イベントは、同年行われる予定のイギリス王ジョージ六世の戴冠《たいかん》式に合わせて、「奉祝を兼ねた親善飛行」という外交ショー的要素もあったようだ。

同年四月六日、神風号は立川飛行場を飛び立った。途中、ハノイ、バグダッド、アテネなどを経由して、ロンドンに到着したのは四月一〇日。

総飛行距離一万五三五七キロ、飛行時間五一時間一九分二三秒、給油および休憩時間を入れた所要時間は、目標の一〇〇時間を切る九四時間一七分五六秒で、みごと都市連絡飛行の世界記録を樹立した。神風号は復路も記録に挑戦し、自らの飛行時間を三時間余短縮した。

こうして、英国王戴冠式のニュースフィルムを積んだ神風号は、五月二一日、雨の羽田空港に着陸した。日本国民は熱狂した。朝日新聞は、神風号の飛行時間を当てる懸賞を出していた。応募総数は、なんと四二四万五七九一通。当時の人口は現在の半分ほどだったから、いまなら一〇〇〇万通以上、ということになる。ちなみに、飛行時間を当てた人は五人いたそうだ。

信じられないほどの浮かれぶりだ。戦争の足音はもうそこまで来ていたはずだが、明るい未来と希望があった。

かくのごとき冒険飛行が成功したことは、ほとんど奇跡であった。当時、厳密に計算した成功確率や、機体および飛行に関する安全性の検証などはなかった。あったのは、ただ理論値と蛮勇にも似た前向きな姿勢だけだった。ましてや部品の品質、あるいは故障の可能性などなど、とても検証のしようがなかった。ただ勇気のみがあった。この成功には、まさに「神風」が吹いたのだ。

なお、神風号の開発時名称は「キ一五」、快挙達成後に陸軍制式採用となり、九七式司令部偵察機と命名された。

独日米の開発合戦

世界がつかの間の平和を享受し、飛行記録に浮かれているうちに、アドルフ・ヒトラー率いるナチスドイツがポーランドに侵攻した。一九三九年、第二次世界大戦の勃発である。

ヒトラーの台頭によって急速に軍部を整え、周到な準備とすぐれた兵器を駆使したドイツは、ほぼ一年でヨーロッパ大陸を制圧した。ナチスドイツが用意したのは、戦闘機メッサーシュミットBf－

ナチスドイツの戦闘機、メッサーシュミットBf-109

109や、急降下爆撃機ユンカースJu－88、そして双発の爆撃機ハインケルHe－111などで、これらは斬新な新兵器というよりは、使い勝手のよい、こなれた機体としての評価が高い。

開戦初頭、ドイツは単発プロペラ機と双発プロペラ機のポテンシャルを当時の最高水準まで完成させていた。参考までに、Bf－109は引き込み脚機、Ju－88は頑丈な固定脚で知られる。同時に、機体デザインの過渡期でもあった事実を見ても、飛行機の発達のはやさを思い知らされる。

とりわけ、一九四〇年のロンドン空襲で猛威をふるったHe－111は、開戦前の一九三七年、ヒトラーが再軍備を宣言するころには、民間高速旅客機の名目で開発が完了していたものだ。

He－111は、ロンドンに爆弾の雨を降らせ、大いにイギリスを苦しめた。これを迎撃するべくイギリス空軍が展開した航空戦が、「英国空の戦い（バトル・オブ・ブリテン）」と呼ばれる。

戦後、ボンド映画シリーズのプロデューサーとして名高い、ハリー・サルツマンによって大作映画『空軍大戦略』が製作された。

ただし、このタイトルは日本公開版。原題は当然『バトル・オブ・ブリテン』である。

このころ、アメリカは、欧州の戦いに参戦していなかった。第五代大統領ジェームズ・モンローの主張した、モンロードクトリン（モンロー主義、一八二三年）によって、欧米両大陸の相互不干渉を方針とする外交原則が生きていたからだ。

アメリカ合衆国は、その名の通り多くの移民からなる国家だ。「いずれの出身国ともことを構えたくない」というのが、この主義の根底にある。当時、ドイツやイタリアからの移民も数多かった。下手に介入すると、内戦が勃発する危険もあったのだ。

もっとも、史上初の四選を果たしたフランクリン・ルーズベルト大統領は、イギリスに対して武器弾薬や物資の補給を行っており、またアメリカ軍のパイロットたちも、義勇兵《ボランティア》という名目で参戦していた。

しかし、一九四一年一二月八日、日本海軍の空母機動部隊によるハワイ攻撃が実施され、アメリカ海軍太平洋艦隊はもとより、民間人を含む二四〇〇人の犠牲者を出した。このことを、日本人は「真珠湾奇襲攻撃」といい、アメリカ人は虐殺《ぎゃくさつ》と主張して、いまだに「リメンバー・パールハーバー」という言葉が残っている。二一世紀初頭の九・一一テロと同じだと認識するアメリカ人も多い。

また、真珠湾攻撃が引き金となって、ルーズベルト大統領は、モンロードクトリンを撤回。以後、日本との戦争は激化し、ヨーロッパを席巻していたナチスドイツと、正面から対峙《たいじ》することとなった。

戦後、朝鮮戦争、ベトナム戦争、湾岸戦争、イラク戦争と、アメリカは世界の紛争に積極介入するようになったことは、歴史上の事実である。このように、アメリカを戦争にかりだす最大の要因は、「日本海軍の真珠湾攻撃であった」とする見方もある。

ここで注目したいのは、日本海軍の採った作戦だ。いまだ大艦巨砲主義＝戦艦を中心にすえた艦隊戦を基調とする世界の海軍常識の中にあって、空母機動部隊をメインとした、艦載機のみで空中から攻撃を行う戦法をあえて採用している。この戦法を、アメリカ海軍側がまったく予期していなかったことは、真珠湾に停泊していた艦船のほとんどを失う、という結果が証明している。

日本の攻撃機は、魚雷攻撃をした九七艦攻（前述の神風号の発展型）、急降下爆撃を得意とする九九艦爆、そしてこれら攻撃機を護衛した零式艦上戦闘機。いずれもレシプロエンジン機の、ひとつの完成形ともいえる機体だった。

よく、攻撃の精度を表す記述に、「パイロットの訓練の賜物《たまもの》」とあるが、それよりも完璧に近い機体の完成度および信頼性の方が際立っている。先の大戦緒戦における、日本の航空技術の高さを世界に知らしめたのだ。

また、日本の航空技術の高さをおそれたアメリカ軍は、日本との戦闘にあたり、頑丈な装甲で長距離飛行が可能なグラマンＦ６Ｆヘルキャット、圧倒的なスピードを誇るノースアメリカンＰ－51ムスタングなどを開発し、単発レシプロエンジン機の頂点をきわめた。

ここまで名前をあげたレシプロエンジンの傑作機は、二一世紀になってもレストアされ、またリメイクされて飛んでいて、多くの航空マニアたちを喜ばせている。

ジェット誕生とロケット戦闘機

神風号が亜欧連絡大飛行の快挙を成しとげる七年前、イギリスにおいてひとつの特許が申請された。特許申請内容は、「ガスタービンの航空機向け仕様」について。つまり、ジェットエンジンである。イギリス人エンジニア、ホイットルは新しい航空機エンジンを世界に披露したのだ。

その後、ジェットエンジンの研究を開始したのは、ドイツのユンカース社である。一九三三年のことだ。実際にジェットエンジンを完成させたのは、同じくドイツのハインケル社。一九三七年、神風号のイギリス訪問と同じ年のことだった。

ハインケル社は、一九三九年八月二七日、世界初のジェットエンジン飛行機He－178の飛行に成功。ここに飛行機新時代の幕が開いた。

ロケットについても、一九二〇年代には各国で研究が始まった。珍説をひとつ紹介しよう。

ロケットのルーツは、遠く八〇〇年前にさかのぼる。一三世紀に世界を席巻《せっけん》したジンギスカン率いる元は、戦いにおいて火箭矢《かせんや》という武器を用いたといわれている。火箭矢とは、円筒形の容器に火薬を詰め、木または竹の棒で飛行を安定させ、敵陣目がけて放つロケット弾だった。ロケット花火を大きくしたようなものだろう。実在したかどうかは定かではないが、文献にはたしかにある。使用している図版もある。

当時から火薬はあったから、ロケットがあっても不思議はないし、アイデアを実践することは、戦争においては常識である。火薬を使って砲弾を撃ち出す兵器を大砲というが、火薬それ自体を敵に撃ちこむ兵器をロケットというのならば、発想の転換の賜物である。

つまり、アイデア自体は大昔からあったのだ。では、なぜ実現しなかったのか？

推測ではあるが、キリスト教の存在が大きかったのだろう。レオナルド・ダ・ビンチの例を引くまでもなく、バチカンの教義はたいそう厳しかったようだ。空を飛んでみたが、「そこに天国はなかった」などという風説が流れるおそれがある。ならば、絶対禁止としておく方が無難だ。

いずれにせよ、第二次大戦中、ドイツはロケット戦闘機の実用化にも成功した。火薬などを固めて燃料としたロケットではなく、アンモニアや液体窒素《ちっそ》などを化学反応させて推力を得るロケットモーターを完成させたのだ。

世界初のロケット戦闘機は、メッサーシュミットＭｅ－１６３コメート。一九四一年八月一三日に初飛行している。実戦投入は一九四四年夏からで、連合軍のパイロットを大いに恐怖させた。

しかし、飛行時間が短く、したがって交戦時間もわずかしかないコメートは、敵機接近をピンポイントで捉えることが至難の業であった。機体数も少ないうえに、燃料補給にも時間がかかり、大きな

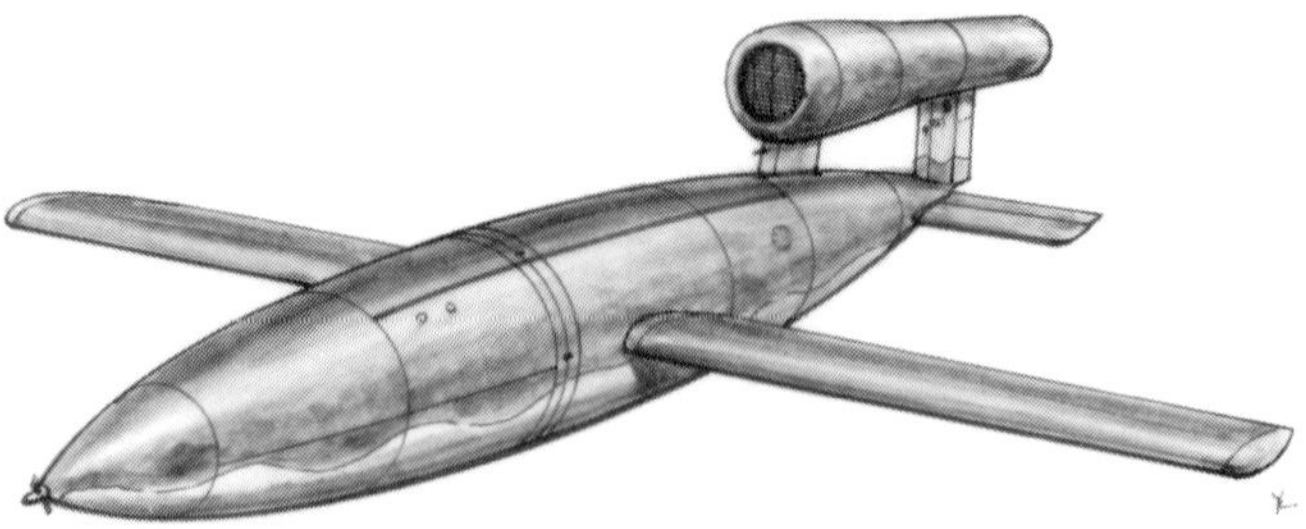

ドイツ製世界初のミサイル、V-1

戦果を上げることができなかった。

世界初、ミサイルの誕生

ここからは、飛行機という流れから逸《そ》れてしまった、新兵器の開発と発達を検証してみよう。

当時のドイツがすごかったのは、新しく手に入れたパワーソースで、まったく新しい兵器を生み出したことだろう。ジェットエンジンとロケットモーターで、世界初のミサイルを二つもつくったのだ。

ひとつはＶ－１（Ｆｉ１０３）という、のちの巡航ミサイルのルーツとなる兵器だった。非常に簡単な構造で、機体というか本体は爆弾に翼を付けただけ。素材は軟鉄（ブリキやトタン）で、爆弾上部に推力三五〇キロほどのパルスジェットエンジンを載せただけの構造だ。あとは複雑な機器はいっさいない。これを、約五〇メートルほどの傾斜したレールから、蒸気のパワーで発射するというお手軽なシステムである。初期ロットのＶ－１は、射程距離が二五〇キロだったが、改良されて、終戦のころには四〇〇キロまで伸びた。弾頭重量は約八五〇キロで、かなり破壊力があったようだ。

一九四二年末に完成したＶ－１は、ただちにロンドンに向けて発射された。その数、二万発以上。一〇〇〇～一五〇〇メートルほどの高度を、時速六五〇キロほどで飛んでくる。いつ、どこへ飛んでくるかわからない爆弾の恐怖に、ロンドン市民はおののいたという。

当初、ロンドン市民同様にこのミサイルに悩まされたイギリス空軍だったが、終戦間近には九〇パーセント以上の確率で撃墜した。多い日には、一日二〇〇〇発も撃ちこまれたＶ－１の恐怖は、ようやく終焉《しゅうえん》をむかえたのだ。

構造が簡単なだけに、安上がりなＶ－１は、打ちっぱなしの兵器であった。しかし、戦後になるとアメリカ軍によって改良され、ＧＰＳ（全地球測位システム）搭載の巡航ミサイル、トマホークとして生まれ変わり、とても高価な兵器としていまも生きている。

ヒトラーはＶ－１の完成を喜んだが、だんだんと撃墜される数が増えるにしたがって、一発必中でしかも高速のミサイル（当時は飛行爆弾）を要求するようになった。そして、願望はすぐに実現した。超兵器ロケットモーターを動力とした、大陸間弾道弾のルーツとされるＶ－２（Ａ－４）が開発されたのだ。

簡単お手軽に完成したＶ－１と違って、Ｖ－２はサイバネティクス・オートパイロット・メカニズム（自動制御運転機能）を搭載した誘導弾であった。Ｖ－２の誘導システムとは、弾頭にある一トンの爆薬の真下に位置する、ジャイロコンパスと慣性誘導装置を指す。

ジャイロコンパスとは何か。少し古いが、昭和を代表するおもちゃの一つだった「地球ゴマ」を想像してほしい。十文字に組み合わせた金属の輪の中で金属の円盤が回転することによって、コマは延々と回り続けた。子どものころ、たいそう不思議に思ったものだが、このメカニズムを応用した飛行方位計がジャイロコンパスである。

Ｖ－２は、コンピューターという概念のない時代にあって、純粋にギアやカムシャフトなど機械部品だけで姿勢制御を行い、結果として飛行制御を可能にした驚異の新兵器＝弾道ミサイルだった。燃料は液化酸素とアルコールを混合し、さらに過酸化水素を加えたものを使用した。排気ガスは、現代

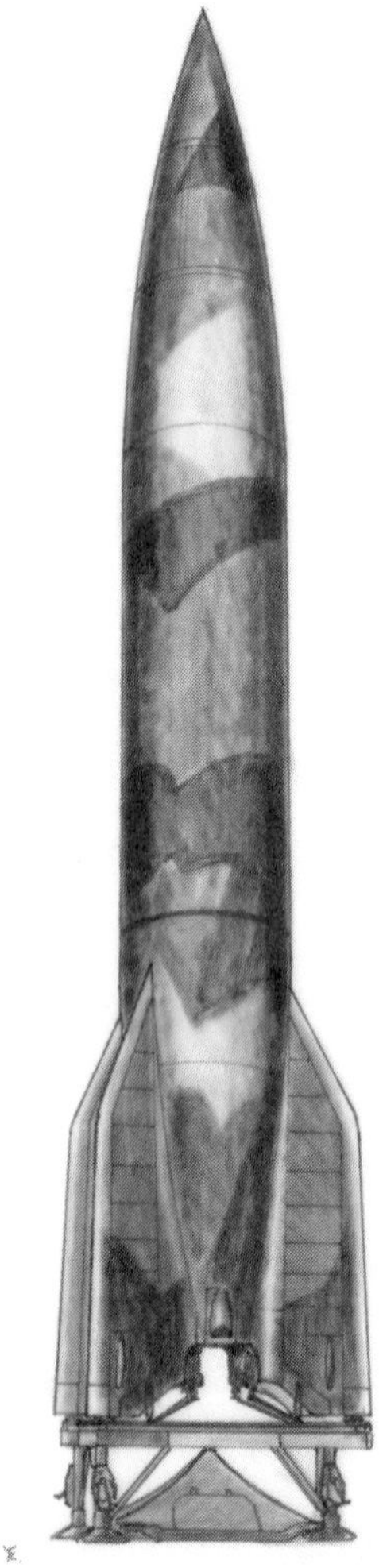

大陸間弾道弾のルーツ、V-2

の基準に照らすと毒ガス、いや、猛毒ガスである。

長さ約一四メートルで重量は約一二トン。高度八万メートルまで上昇し、およそマッハ二・五という驚異的なスピードでロンドンに達した。約六〇〇〇発、生産された。

Ｖ－２ロケットの最初の試射は、一九四二年六月に成功。およそ二年後、一九四四年にロンドンは新たなる恐怖に襲われた。

ヒトラーはヨーロッパ征服にあたり、ユダヤ人虐殺など、軍に残虐な行為を要求したことで知られる。反面、ヒトラーは科学技術に関する論文などを広く公募し、内容によって報奨金も出していた。ドイツ在住の多くの英才たちがこぞって応募したことは、想像に難くない。

そんな英才の中に、ひとりの若者がいた。名をウェルナー・フォン・ブラウン。のちに近代ロケットの祖と呼ばれる男だ。

フォン・ブラウンが勤務していたのは、ドイツ陸軍ペーネミュンデ・ロケット研究所だった。戦後、アメリカ軍とソ連軍（現ロシア共和国）は、この研究所へ殺到し、ロケット研究者たちの争奪合戦となった。アメリカに渡ったフォン・ブラウンはＮＡＳＡ（アメリカ航空宇宙局）で自らのライフワークであったロケットの研究を続けた。その結果、完成したタイタンやアトラスは、核弾頭搭載の大陸間弾道弾となり、別なアプローチとして人工衛星や有人衛星の打ち上げに大きく貢献した。

ソ連も同様に、ドイツから連行した科学者たちの力で、アメリカ同様のロケット、いやミサイルをつくった。ここに、冷戦の幕が開いたのだ。

ケネディ大統領の公約通り、アメリカはさらに巨大なサターンV型ロケットで、ついに月面に立った。ケネディは暗殺され、打ち上げにゴーサインを出したのは、皮肉にもライバルと目されたリチャード・ニクソン大統領だった。

NASAの副長官の地位にまで上り詰めたウェルナー・フォン・ブラウンは、残念ながら人類初の月面着陸を見ることはなかった。そして、アメリカはスペースシャトルまで開発したが、成果なきをもって計画は中止となった。

こうして、戦後新しい時代に生き延びた新しい技術は、新たな可能性を生み出し「ロケットという想像の世界」を実現させたのだ。

奇跡の兵器、B－29

飛行機に話を戻そう。

第二次大戦中、プロペラ機はその頂点をきわめた。

B－29という爆撃機があった。四つのエンジンを持つ、大型爆撃機だった。大戦初期にアメリカ軍が用意したB－17爆撃機の、ほぼ倍の大きさだった。

初期の大型爆撃機は、窓を開け放して飛んでいた。したがって、飛行高度は五〇〇〇メートルが限

対日専用大型爆撃機、B-29

界で、そこを超えると人もエンジンも悲鳴をあげた。だから、爆撃機はつねに敵戦闘機の迎撃という危険にさらされ続けた。爆撃機には、迎撃戦闘機や高射砲には弱いという欠点があったのだ。

しかし、B－29はそういった危険から解放された飛行機だった。まず、機体内部の圧力を一定に保つ与圧キャビン構造とした。当然、窓を開けることはできない。これでパイロットら搭乗員は、窒息《ちっそく》する危険から解放された。

そしてエンジンはというと、ターボ式過給機（スーパーチャージャー）を取り付けることで、高度一万メートルの薄い空気でも飛行可能となった。搭乗員たちは、失速の恐怖から解放された。さらに大きくなった機体は、約九トンもの爆弾を搭載することが可能となった。

私はかつて、B－29をこう評したことがある。

「あの時代に存在するはずのない、未来の飛行機だ」

B－29が完成したころには、ドイツにもう戦争を継続する力は残っていなかった。アメリカをはじめとする連合国にとって、残る敵は日本だけだった。

完成した超兵器は、ただちに戦場に投入される。かくして、アメリカ陸軍航空隊のカーチス・ルメイ将軍指揮のもと、B－29は対日専用爆撃機となった。

高度一万メートルから、日本中に遠慮なく爆弾を撒《ま》き散らす。日本軍に、対抗するすべはなかった。高度一万メートルに達する戦闘機はなく、いかなる高射砲でも届かなかったからだ。「追いつく敵がいない」となると、昼夜わかたず爆撃可能だ。

「日本の家屋が木と紙でできている」と理解したルメイ将軍は、高額な爆薬よりも、ガソリンをジェリー状にしたナパーム弾（油脂焼夷弾）という新兵器に注目し、これを使用することを許可した。ナパームで燃やされると、消火はほぼ不可能となる。人体に付着すれば確実に焼け死ぬ。このような非人道兵器を、ルメイ将軍は無差別で使用するよう命令した。

B－29による日本爆撃は、当時日本が考えていた絶対防衛権を失うことで激化した。そしてパターン化していった。サイパン島陥落、硫黄《いおう》島玉砕《ぎょくさい》のあとは、B－29の日本本土への飛行に、距離という障害もなくなった。

B－29は、つねに一〇機編隊でやってきた。そして、編隊は一〇個。つまり、大都市爆撃は一度に一〇〇機やって来る。一個編隊は、幅数キロにわたって展開し、V字形に展開する。

左右端に位置する機体が爆撃を始めると、地上にいる人たちは、内側へ内側へと逃げこもうとする。

すると次の爆撃は、内へ内へと移行するので、V字編隊による時間差攻撃が威力を発揮し、幅数キロにいた人たちはほぼ全滅となる。これをして、絨毯《じゅうたん》爆撃と称したのだ。

カーチス・ルメイが指揮した、東京大空襲の作戦図が残っている。繰り返し、繰り返し、死の絨毯が敷かれていた。地域によっては、何度も何度も爆撃が行われた実態が見てとれる。そして、一九四五（昭和二〇）年三月一〇日の東京大空襲では、たった一晩で一〇万人もの死者を出した。

五ヵ月後、日本は広島と長崎に原爆を投下され、敗戦を受け入れた。投下したのは、B－29「エノラゲイ」。現在も、ワシントンにある国立スミソニアン博物館別館に展示されている。

日本陸軍は、ついに本土で戦うことはなかった。唯一戦闘があったのが沖縄戦で、おびただしい犠牲を出した。温存されていた戦艦大和《やまと》も沖縄戦に投入され、到着する前にアメリカ海軍による激しい雷撃と爆撃によって沈没した。真珠湾のリベンジだとする見方もあった。

戦争に飛行機が登場して以来、爆撃だけで負けた国はない。戦後、朝鮮戦争において北朝鮮も、ベトナム戦争において北ベトナム（当時）も、湾岸戦争とイラク戦争においてイラクも、いやというほど空爆されたが、決して音《ね》を上げなかった。

このことからわかるように、B－29は、それほどまでに日本にとって「悪魔の兵器」であった。一方、アメリカ合衆国にとっては、世界戦史上最大の戦果を上げた兵器となった。

この功績により、戦後アメリカでは、陸軍航空隊が空軍に昇格した。そして、カーチス・ルメイの豪腕によって、空軍の中に戦略空軍が誕生した。戦略空軍とは、大型爆撃機による、核攻撃を中心に据えた軍である。日本から得た戦果によって、戦略空軍が誕生した、といっても過言ではない。

戦争という時間の中であったからこそ、B－29という未来の兵器が完成してしまった。この超兵器が完成したとき、使うべき相手は日本しかなかった。少なくとも一九四四（昭和一九）年以前に、日本が敗戦を受け入れ、あるいはアメリカとの講和がなっていれば、B－29の出番はなかった。爆撃による戦死者はなくなり、唯一の被爆国にもならなかったことになる。

よけいなことだが、B－29は塗装されていなかった。B－29以前の爆撃機は、空や雲あるいは山や草原に溶けこむ迷彩塗装をほどこしていた。コストダウンとか、そういう類《たぐい》の話ではない。日本に対抗手段がないことで、撃墜されるおそれはなかった。だから、無塗装でもかまわなかったのだ。

戦争を生き抜いた人たちから聞いた「銀色の機体がきれいだった」という言葉が、当時の現実を物語っている。そして、奇跡の成果は戦後民間航空会社の旅客機に応用されている。

ジェットエンジン第二世代

第二次大戦後、飛行機はジェットエンジンの時代に入る。

戦闘機として製造されたジェット機は、朝鮮戦争において、史上初のジェット機対ジェット機の戦闘を繰り広げた。しかし、戦中には不安定だったジェットエンジンの信頼性は大いに向上し、ジェッ

ジェット戦闘機、F-86セイバー

ト機は第二世代に入った。

アメリカ空軍は、幾多の試行錯誤の後、F－86セイバーという機体を投入する。時は冷戦期。迎え撃つソ連空軍は、MiG－15を完成させた。二つの戦闘機は、ほぼ互角の性能を誇った。皮肉なことに、米ソいずれもナチスドイツ時代に考案された機体を発展させたものだった。

アメリカ空軍および海軍は、すべての軍用機をジェット化することに血道をあげた。軍用機の開発は税金で行う。わかりやすくいえば公共事業だ。アメリカは、戦時中おびただしい戦時国債を発行した。しかし、歴史上まれに見る大勝利を得たことで、償還に対する不安はなくなった。

しかも、戦時中、アメリカのほぼ全産業が軍需一辺倒になっていた。国民が全財産を叩いて買った戦時国債によって、製造業は空前の景気に湧いていた。兵器製造に歯止めはかからなかった。豊富な予算を獲得し、ボーイング、ダグラスなどの大手メーカーはもとより、雨後のタケノコのごとく湧き出した新興メーカーにまで、開発予算は等しくばら撒かれた。

戦後、スターリン率いるソ連もまた、原爆開発に成功し、保有していることを明らかにした。この事態を受けて、同じ戦勝国であるイギリスのウィンストン・チャーチル首相がアメリカ議会で演説した。

「スターリンは、鉄のカーテンを下ろした」と。一九四六年のことだ。以後の世界を、冷戦構造と呼ぶようになったのだ。

互いの手の内がわからないことが恐怖を生み、アメリカを盟主とする西側陣営と、ソ連を中心とした東側陣営は、互いに核爆弾製造に止まらず、果てしない兵器開発に邁進《まいしん》していった。

朝鮮戦争は、いわば前哨《ぜんしょう》戦だった。やがて、ベトナム戦争が始まる。一九六〇年から、一九七五年まで続くことになる。発端《ほったん》は諸説あるが、「ケネディが始めて、ニクソンが終わらせた」とされている。ここからジェット機は第三世代に突入する。

ヘリコプターの発展

ベトナム戦争における飛行体のトピックのひとつは、すでに試行錯誤されていたヘリコプターの完成だ。湿気の多いジャングル戦では、軍用車両が使いものにならなかった。やむなくアメリカ陸軍は、移動手段としてヘリコプターを投入したのだ。

ヘリに飛行場は不要だった。このことが、また戦場を拡大させる結果となる。ヘリポートさえあれば、どこからでも空を飛ぶ、すなわち移動可能となったからだ。

ベル社の開発したＵＨ－１イロコイは、ユニバーサルの文字が示すように（ＵＨのＵはユニバーサル、Ｈがヘリコプター）、万能ヘリとなり、現在にいたる。民間でも使用され、報道ヘリやドクターヘリとしても活躍している。

ヘリコプターのルーツは判然としないところがある。

ヘリに近い「空飛ぶもの」については、アメリカ、ドイツ、イギリスなどが、戦前戦中を通じて模索していた。しかしながら、開発目的や運用法もバラバラで、関係者たちの「まっすぐ空に昇りたい」という欲求を満たすためだった、とする見方もある。

それぞれの国で試行錯誤していた中に、オートジャイロという発想があった。ヘリコプターのようなローターがあって、前進するための小さなプロペラを後部に配置しただけのものだった。エンジンひとつでローターとプロペラを動かすタイプと、二つのエンジンでそれぞれの回転翼を動かすタイプなどが試されたが、いずれも人ひとり、多くて二人が乗れるほどの小型の機体だった。

ヘリコプターが具体的な形になったのは、一九四五年に初飛行したパイアセッキＨＲＰ－１フライングバナナからで、機体は単発レシプロエンジンとタンデムローターという仕様だった。

ひとつのエンジンで二つの大きなローターを回転させて飛ぶ姿は、当時異彩をはなっていた。一〇名の海兵隊員を運ぶことが可能で、のちのヘリコプターの運用思想を決定付けた。しかし、時速一六七キロはいかにも遅く、実用的ではなかった。したがってフライングバナナはヘリの発達・発展のスタートといえる。

現代のヘリは、ターボシャフトエンジン、すなわちジェットエンジンで大きなローターを回して飛ぶスタイルとなった。主たる運用法は輸送に尽きるが、なかにはAH－1コブラ（UH－1の改良版）やAH－64アパッチなどのように、胴体の幅を極端に狭くして、被弾面積を小さくした攻撃ヘリコプターなる存在も誕生した。いずれも、湾岸戦争、イラク戦争などに投入された。

第三世代ジェット、B－52

さて、第三世代に突入したジェット機に話を戻そう。

ベトナム戦争に投入されたジェット戦闘機の代表はF－4ファントムだった。エンジンは双発となり、機体も大きくなって、ミサイルや爆弾の搭載量も飛躍的に大きくなった。最高速度もマッハ二を超える性能だった。

ところで、すべての軍用機をジェット化したアメリカ空軍には、「ミサイル神話」なるものがはびこった。曰《いわ》く、「高速になった戦闘機に、機関銃の弾は当たらない」と。したがって、「一撃必中のミサイルに勝るものはない」。ならば、「威力の小さな機関銃と弾を取り外して、その分ミサイルを多く

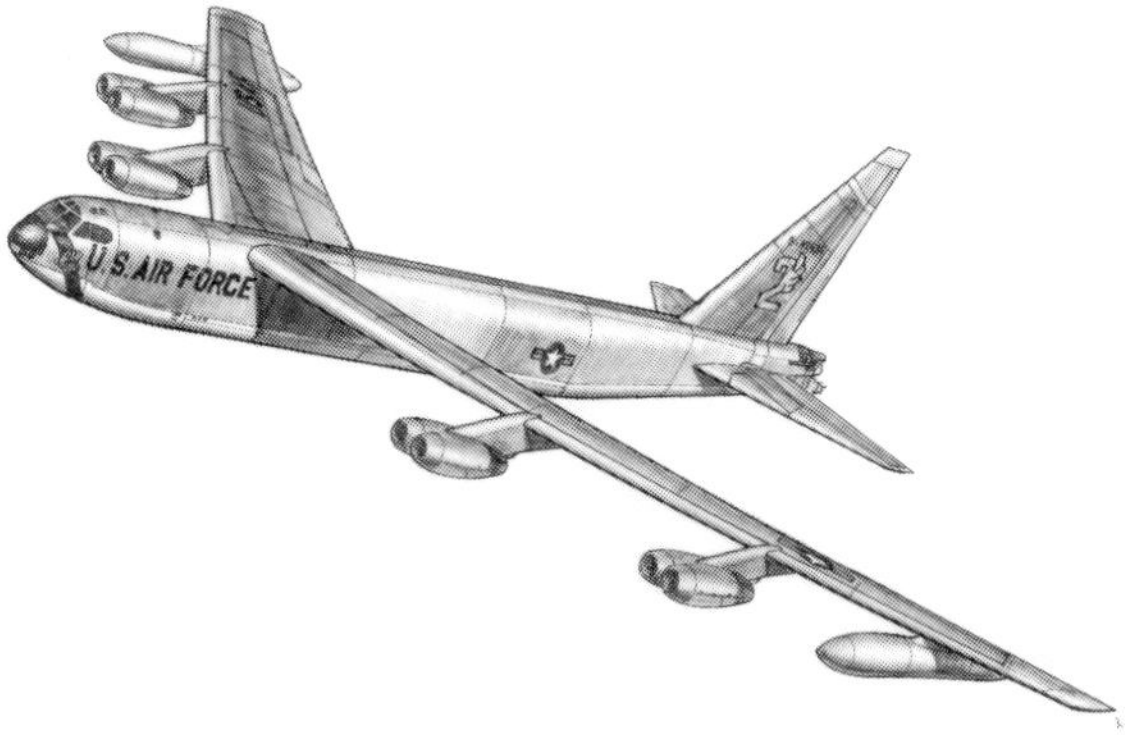

数々の記録を樹立したジェット爆撃機、B-52

積めばいい」というわけだ。

アメリカ空軍のミサイル神話は、日本における「原発安全神話」に似て、想定外があった。敵戦闘機と戦っているうちに、ミサイルを撃ち尽くしたときの恐怖である。あるいは、搭載しているミサイルよりも多い敵機に遭遇したときの恐怖もあった。

もっと凄い想定があった。「敵の大編隊に遭遇」というケースだ。

導き出された答えは、戦術核ミサイルだった。冷戦が生み出した悪夢だ、といってしまえばそれまでだが、それにしても「迫り来るソ連の爆撃機大編隊（もちろん核爆弾搭載を想定）目がけて、核ミサイルをぶっ放せ」というのだ。

実際に完成した戦術核ミサイルは、ＡＩＲ－２ジニーと名付けられた。長さ三メートルもある巨大なミサイル（正確にはロケット）に、一・五キロトンの核弾頭を搭載した。

ジニーは一回だけ発射実験をしている。ネバダ州の射爆場において、高度四二〇〇メートルで爆発した。一九五七年七月のことである。恐ろしいことに、グラウンドゼロ地点に、五人の兵士とひとりのカメラマンが立っていた。彼らは被爆した。しかし、六人がどうなったかは、知るよしもない。軍の機密、というかタブーなのだ。

いずれにせよ、初期のアメリカ空軍は、どこかブレーキが壊れていた感がある。ベトナム戦争時、よく耳にした言葉に「北爆」がある。長引く戦争に疲れ果てたアメリカが、ついに大型爆撃機でハノイを直接攻撃したことを指す。

B－29はとっくに退役していて、主役はジェット爆撃機、B－52である。この爆撃機は、対日核攻撃で成功をおさめたアメリカ空軍が、ようやく手に入れた切り札だった。

ジェットエンジンが八基、全長約五〇メートル、幅約五六メートルというサイズで、時速一〇三七キロ、上昇限度は約一万七〇〇〇メートル、航続距離一万六一〇〇キロという数字は、もはや地上にもはや敵はないことをアピールしていた。

一九五二年に初飛行に成功してから、B－52は数々の記録を樹立した。まずは、無着陸地球一周。空中給油機の助けを借りたとはいえ、三機のB－52は四五時間一九分の飛行時間という記録を達成した。神風号の快挙からわずか一八年。飛行機は驚くほど進化した。

続いて、北極までの飛行を敢行。ソ連は大いにあわてたそうだ。きわめつけは、一九五六年五月二一日、ビキニ環礁での水爆空中投下成功だ。

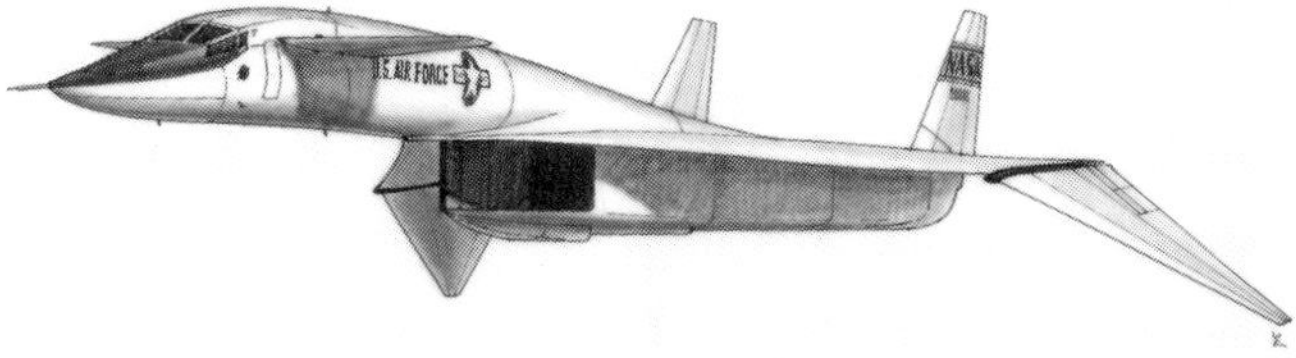

マッハ3で飛ぶ大型爆撃機、B-70

スタンリー・キューブリック監督の傑作『博士の異常な愛情』では、B－52のスペックを余すことなく見ることができる。製作当時の「核戦争の恐怖がこれほどまでとは！」を実感できる。

基本的に核攻撃仕様だったB－52を、アメリカ空軍は北爆に投入した。通常爆弾仕様に変更されたB－52は、五〇〇ポンド爆弾（二二五キロ）を最大一〇八発搭載できた。つまり、爆弾搭載量は、B－29のおよそ三倍になったのだ。その後もB－52は通算八回もバージョンアップされ、半世紀にわたって現役であり続けた。

ボーイング社は、B－52の成功を糧として、747ジャンボを完成させた。そして747は、ジェットエンジンで飛ぶ飛行機の到達点となった。

現代の民間機＝旅客機は、燃費の悪い747を嫌い、双発の737や787などのマイナーチェンジ版が流れとなっているが、画期的かつ革命的な飛行機とはいえない。

消えた未来の爆撃機

もうひとつ、ブレーキの壊れたアメリカ空軍は、カーチス・ルメイ将軍の号令のもと、とてつもない賭《か》けに出た。マッハ三で飛ぶ大型爆撃機の開発だ。

その名はＢ－70ヴァルキリー。全長約五八メートル、幅三二メートルのデルタ翼機だった。スピードはマッハ三・〇八を達成。上昇限度は二万二一〇〇メートル、航続距離も一万二二〇〇キロと、現代においても「あり得ない」数字を叩き出した。

一九六四年に初飛行をとげたＢ－70はとてつもない金食い虫で、最終的なコストは当時のレートで一七億ドル。前年公開された、スティーブ・マックィーン主演の『大脱走』の制作費が三〇〇万ドルだったことから、どれほど高額だったかがわかる。「自身の重量の一〇倍する金塊」と揶揄《やゆ》されたこともある。

元請《もとう》けはノースアメリカン社だったが、下請けとして名を連ねるのは、ボーイング、ロッキード、ウェスチングハウス、ＧＥ（ゼネラル・エレクトリック）、ＩＢＭなど、名だたる軍需産業だった。とてつもなく大きな公共事業だったわけだ。

けっきょく完成したＢ－70は二機。うち一機が事故によって墜落した。事故は、エンジンメーカーであるＧＥの宣伝用フィルムを撮影中に起きた。同社のエンジンを積んだ軍用機五機が編隊飛行をしていた。うち一機がＢ－70に接触。垂直安定板を失ったＢ－70は、その後一六秒飛行したが、やがて激しく回転しながら落ちていった。接触事故にかかわった三名のパイロットが死亡。四六回目の実験飛行で、膨大な予算をドブに捨てたことになる。

この高性能爆撃機は、なぜ姿を消したのか。そのストーリーは以下の通りだ。

ケネディ大統領は、就任にあたって、当時フォード社のCEO（最高経営責任者）だったロバート・マクナマラを引き抜いて国防長官に任命した。マクナマラは「コストパフォーマンス」という言葉を流行《はや》らせたことで知られる。

ケネディもマクナマラも、膨張する国防予算に頭を痛めていた。そして「冷戦の切り札は核ミサイル」という思想の信奉者だった。当然B－70の予算についても厳しかった。

一九六三年、ケネディは遊説先のダラスで凶弾に斃《たお》れた。軍産複合体から恨みを買っていたことは事実だ。かくてマッハ三で空を飛んだ大型爆撃機は、歴史の闇に消えたのだ。

以前、B－70のイラストを人に見せたところ、「ほう、未来の飛行機はこうなるんですか？」ときかれた。「半世紀前の飛行機ですよ」とは言えなかった。

ライト兄弟が空を飛んでから一一〇年。歴史に翻弄《ほんろう》された軍用機や爆撃機たちを礎《いしずえ》に、まったく新しい飛行機が日本にやってきた。

第3章

垂直上昇への挑戦

――オスプレイへの道

まっすぐ離陸して飛びたい

一九八四年、ロサンゼルス夏季オリンピックの開会式。

ヘルメットを冠《かぶ》り、背中にリュックのようなものを背負った男が登場した。背負っていたのは小型ロケットで、猛烈な噴射煙の中、男はそのまま空へ舞い上がった。ロケットマンが登場したのだ。会場は大いに沸き、世紀のイベントは世界に中継された。

世界初の空中飛行を成しとげたのは、アメリカ人のライト兄弟だった。八一年後、オリンピックというイベントにおいても、アメリカは人間を飛ばせて見せた。

一九五〇年代には『スーパーマン』という人気番組があった。マントをなびかせて、「弾よりも速く、力は機関車よりも強く、高いビルディングもひとっ飛び」とばかりに、人間が空を飛んでいた。

時代は下って、少しマイナーだが、『ロケッティア』という映画がある。主人公がロケットパックを背負って空を飛んだ。『アイアンマン』では、パワードスーツを着た天才科学者兼企業のCEOのトニー・スタークが空を飛んだ。『マイティ・ソー』も空を飛び、『ファンタスティック・フォー』では、ヒューマン・トーチやシルバー・サーファーも空を飛んだ。『グリーンランタン』は、空どころか宇宙の彼方まで飛んだ。

いずれもハリウッド映画であるが、本当にアメリカ人は空を飛ぶことが好きなようだ。オスプレイがアメリカで完成した背景には、このように空を飛ぶことが大好きな国民性がある。

検証といえば大げさだが、ここではオスプレイ登場に至った道を振り返ってみよう。つくり話ではないこと、決して笑い話でないことをお断りしておく。

第2章でも述べた通り、アメリカ陸軍航空隊は、アメリカ合衆国は第二次世界大戦で、世界史上空前絶後の大勝利を得た。結果、アメリカ陸軍航空隊は、陸軍より独立してアメリカ空軍へと昇格した。飛行機はすべて空軍が管轄・所有するところとなった。

アメリカ海軍は空母艦載機というジャンルで、おもに日本相手に大活躍して、大いに存在感をアピールした。したがって、予算も豊富だった。しかも、対日戦で大きな成果を上げた海兵隊も、やはり海軍の下部組織だった。いや、「指揮系統は海軍の下」とするのが妥当だろう。

「空飛ぶ歩兵」、VZ-1

一九五三年ごろ、アメリカ海軍はヒラー社へある発注をした。注文内容は、フライング・プラットホーム。直径一・五メートルほどの円形ダクトの上に兵士が立って、そのまま浮き上がる、つまり空を飛ぼうというプランだった。

翌年には陸軍もこのプランに乗った。飛行手段を空軍に奪われた陸軍の狙いは「空飛ぶ歩兵」で、ＶＺ－１と名付けられた。一九五五年には、初めての飛行に成功している。

ＶＺ－１は、円形ダクトの内側に、二つのプロペラがあって、それを二基の小型エンジンで回転させる。二つのプロペラは、互いに逆回転して、小さなプラットホーム自体の回転を防ぐ。これを二重反転プロペラという。イメージとしては、巨大な換気扇に乗っている感じだろうか。とりあえず浮いたのはいいが、兵士ひとりを乗せるのがやっとであった。

海軍は、外洋において艦と艦との移動手段としてＶＺ－１を使おうとした。しかし、非力なＶＺ－１は風に弱く、高波に見舞われたらあっという間に遭難してしまう。この時期、まだ実用に足るヘリコプターはなかったのだ。こうして海軍は、ＶＺ－１をあきらめた。

陸軍はまだ未練があった。湿地帯や河川での運用を考えていたのだ。

アメリカ陸軍は、ＶＺ－１の大型化を計画し、一九五六年にヒラー社に発注した。プラットホームの直径を二・四四メートルとして、エンジンも一基増やして三発にしたのだが、人ひとりが、二人になったところで、性能は変わるものでもなかった。こうして陸軍もまた、ＶＺ－１をあきらめた。

軍が予算化してつくろうとしたモノは、何だったのか？　ＶＺ－１は、ただ人間が少しだけ宙に浮くだけの、せいぜいアトラクションの類《たぐい》だ。

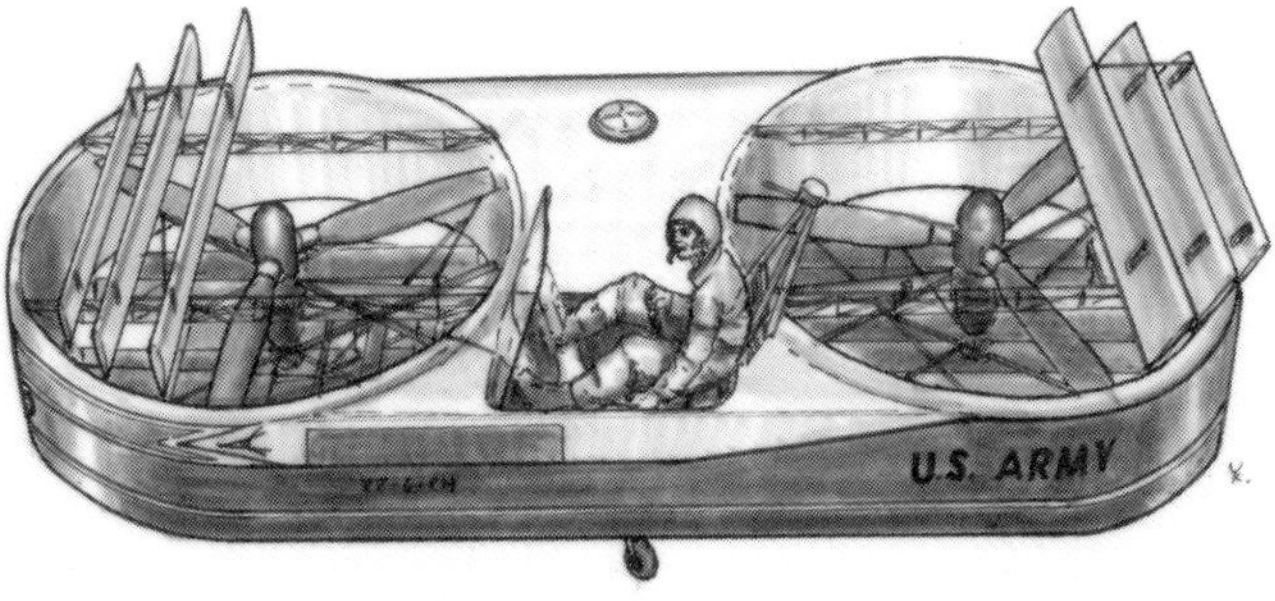

エアジープという位置付けの機体、VZ-6

そこから見えてくるのは、ただ「まっすぐ離陸して、空を飛びたい」という願望だけだった。

アメリカ陸軍の迷走

アメリカ陸軍は、クライスラー社にも似たようなコンセプトの機体を発注した。

VZ－6と名付けられたそれは、エアジープまたはフライングジープという位置付けだった。さすがは自動車メーカー、ヘッドライトが付いていて、およそ二〇年後、映画『スター・ウォーズ』に登場した乗り物、ランドスピーダーにそっくりなデザインだった。

VZ－1ではひとつだった円形ダクトを車体前後に配置し、運転席は車体中央左側に置いた。ジープと呼ぶのに、あまり抵抗のないデザインだった。VZ－1は立って操縦したが、VZ－6は座って操縦することができ、一九六〇年に二機完成した。

だが、初めての飛行テストのとき、VZ－6は転倒してあっさ

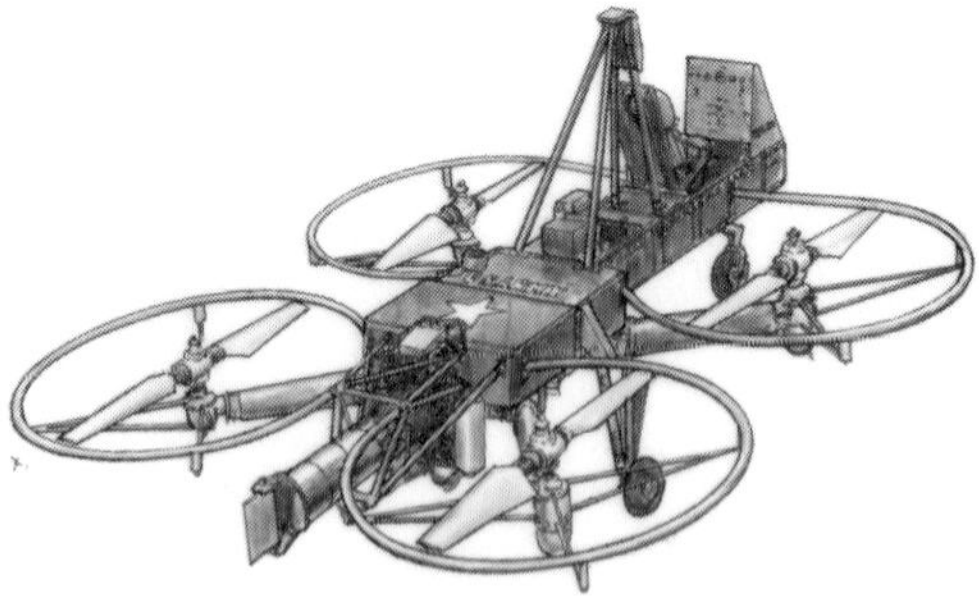

シンプルなVTOLシステム、VZ-7

り壊れてしまった。この顚末《てんまつ》は事故として処理され、計画は中止となる。そして、無事に残った一機は、フォートユースティス陸軍輸送博物館に送られた。

こんな騒ぎの最中に、いたってシンプルなVTOL（垂直離着陸）システムが、ひそかに計画された。請け負ったのはカーチス・ライト社だ。

VZ－7と名付けられた機体は、棒状の機体のサイドに、四つのフラフープ状のガードがあって、二枚羽根のプロペラを四つ配したつくりになっていた。いかにも低予算で仕上げた感がある。下町の町工場、いやガレージででもつくれそうだ。

プロペラをダクトで覆えば、下方向へ向けての推力が得られるのだが、そうすると機体重量が増え、「もっと予算を」という展開になる。いっそ大規模に設計し直すと、ヘリコプターになってしまう。

アメリカ陸軍がほしかったのは、「空飛ぶ歩兵」だったので、予算をかけるわけにはいかない。こうして、見るからに危なっか

フライングジープの完成形、VZ-8

しいVZ－7計画も中止された。

その後、ようやくまともなフライングジープが完成する。VZ－8である。

メーカーはパイアセッキ社。世界初のヘリコプター、フラインググバナナをつくった会社だ。

初期モデルのVZ－8Aは、一九五八年に初飛行に成功。VZ－6と同様に、機体前後に円形ダクトを配したVZ－8Aの全長は七・五メートルほどあって、当時のアメリカの乗用車よりちょっと大きめのサイズだった。

VZ－8Aは、グラウンドエフェクト（機体が地面から受ける揚力）なしで七・六メートルまで上昇した。

ただし、VZ－8Aは推進装置を持たないので、前進するには現代のヘリコプターと同様に、前傾姿勢をとらなければならなかった。飛行はたいへん不安定になる。

欠点を改良したVZ－8Bは、機体後部を可動とし、後部ファンを斜め上に傾けることで、推進力を得ようとした。大成功だった。しかも二人乗りである。

前部ダクト前にひとつ、操縦席の左右に二つの降着装置（車輪）が取り付けられ、後ろの二つには駆動装置があって、地上走行も可能だった。ジープとしての機能もしっかりあったのだ。

VZ－8の計画書には「かなりの高度まで上昇可能とする」というくだりがあった。アメリカ陸軍としては、それならば「連絡任務だけではなく、観測任務もできるじゃないか」という要望も出てくる。

メーカー側は期待に応えようとがんばったが、VZ－8は「浮き上がって、飛んだだけ」という結果以上の発展はなかった。もっとも、高度三〇〇メートルとか、五〇〇メートルを飛ぶつもりならば、それなりに機体設計をし直す必要もある。「陸軍の要求をメーカーが理解しなかった」ということになるのだろう。せっかく成功したにもかかわらず、フライングジープ計画は没となり、VZ－8もVZ－6と同じく、フォートユースティス陸軍輸送博物館送りとなった。

かくて、飛行機という手段を奪われたアメリカ陸軍の迷走は続く。

「空飛ぶ円盤」の原点

空飛ぶ歩兵計画の番外編というべきか、とても正気とは思えないプランがあった。VZシリーズ最終ナンバー、VZ－9である。

空飛ぶ歩兵というコンセプトも、設計者のイメージによって、こうも異質かつ異形《いぎょう》の機体ができるのか、という見本のようなモノを、アブロ・カナダ社が提案してきたのだ。アメリカの公共事業である兵器製造を、隣接しているとはいえ、他国カナダに発注したということだ。

アブロ本社はイギリスにある。戦中活躍したランカスターという四発爆撃機をつくったことで知られる航空機メーカーだ。

一九五五年、アメリカ国防総省はひとつのプランを公募した。公募したプランはWS－606A（WSはウェポン・システムの略）。受注したアブロ・カナダには、ジョン・フロストという大変ユニークな設計者がいた。

フロストは円盤が好きだった。正確にいうと、円盤型飛行機をつくるのが夢だった。会社が注文をとってきたWS－606Aは、フロストにとってまさに千載《せんざい》一遇のチャンスだった。軍部からの大ざっぱな要求はあっただろうが、細かい指定や指示はない。何をつくってもいい、ということだ。フロストはそう解釈した。

意外にも、アメリカ国防総省はこのプランに興味を抱いた。予算は陸軍と空軍に振り分けた。図面を見ただけで採用してしまった。性能、仕様を精査したなら、WS－606Aなるシロモノが茶番であることは一目瞭然であったにもかかわらず、である。

夢の実現といえば聞こえはいいが、ジョン・フロストにとっては、子ども時代からの自らの趣味を実現するチャンスを得たのだ。さぞ欣喜雀躍《きんきじゃくやく》したことだろう。

機体デザインは、円盤型の機体中央付近に推力四二〇キロのターボジジェットエンジンを三基配置する。パワーは十分にあった。これで、直径一・五メートルほどのマルチブレードファンを回転させる。機体上部から吸い込んだ空気を、機体下部に噴き出すことで、機体は浮き上がるというシステムだった。直径は八メートル強である。

さらに機体の周囲にはパイプ（フォーカシング・リング）があって、取りこんだ空気の一部をここに取り入れて、機体後部（円盤に前部も後部もないのだが）から噴出させる。これが機体の回転防止となり、前進するためのパワーとなる。噴出口の向きを変えれば、機体の方向転換も容易だ。

問題はパイロットをどこに乗せるか、ということだが、機体上部に二つのバブルキャノピー（涙滴形張り出し窓）があって、どうやらそこに乗せるつもりだったようだ。これをＶＺ－９と名付けた。ＶＴＯＬ機だから、ＶＺの名を付けている。

うまくいくはずだった。少なくともジョン・フロストは信じていたに違いない。しかし現実は違った。受注してから四年の歳月が流れた一九五九年暮、ようやく形になった試作機は、自力で飛ぶことはかなわなかった。

それでも、アメリカの国防予算を投じて、四年がかりでたどりついた試作機だったので、なんと母機にワイヤーで吊り下げて、高速飛行の実験をした。初飛行とはいえない。

のちのホバークラフトの原点となった円盤型飛行機、VZ-9

ＶＺ－９は、このあとアブロ・カナダ社モルトン工場から、カリフォルニア州にあるＮＡＳＡエイムズ・リサーチセンターへ運ばれた。アブロ・カナダ社の契約は打ち切られたのだ。同時にジョン・フロストの夢も消えた。

一九六一年になって、ＶＺ－９はようやく完成した。普段は人もまばらなエイムズ・リサーチセンターには、多くの人が集まった。「空飛ぶ円盤」、世紀の初飛行の瞬間を見ようと。

多くの観客が固唾《かたず》をのんで見守る中、ＶＺ－９は浮き上がった。歓声はすぐにため息に変わった。四フィート浮き上がったあと、エアクッション効果を失った。姿勢が安定しなくなったのだ。それでも、四フィートの高度を維持しつつ、ＶＺ－９は猛烈なスピードで飛んだ。いや、浮きながら移動したというべきか。空飛ぶ円盤だからこそ期待も高まったし、軍部も多額の予算を投じたのだ。

かくて、VZ－9は「税金を投じて期待に応えられなかった実験機」の墓場、フォートユースティス陸軍輸送博物館送りとなった。

円盤型飛行体については、もともとナチスドイツ時代に、それも敗戦直前に、多数の計画があったようだ。兵力は衰え、物資も底をついた状態では、もはや「堅実に」「常識的に」などという言葉は意味を持たなくなる。

そしてドイツの敗戦。連合軍は、われ先にとヒトラーの遺産を漁《あさ》った。のちの航空界を塗り替えるモノもあったが、円盤型飛行体については、よくいえばミステリアスなアイデア、悪くいうならばヒトラーの仕掛けたわなだったのかもしれない。

とにかく、アメリカ軍部がわなにかかったのは確かな事実だった。VZ－9のアイデアは、やがて完成するホバークラフトの原点となった。ノウハウだけは生き延びたようだ。

後年ハリウッドで製作された映画『インディペンデンス・デイ』に登場したエイリアンの円盤型宇宙船は、直径二四キロという設定だった。これくらい大きいと、高高度においても姿勢が安定したのかもしれない。VZ－9の直径は八メートル強。現実と空想の違いである。

VZの陰に英雄あり

一九五〇年代から一九六〇年代初頭にかけて、アメリカという国は、史上最大の戦争に勝利したことで、ある意味浮かれていたのだろう。さしたる目的もなく、また必要もないのに、奇異と呼ぶのが適当な飛行体を、真剣につくろうとしていた。

今日の視点から見れば、ほとんどジョークのごとき仕事ぶりだ。そんな余裕はどこから来たのか？

大統領の顔ぶれを見ればよくわかる。

モンロー宣言を破棄して、ヨーロッパ戦線および対日戦争に参加を決めたのは、史上初の四選を果たした第三二代フランクリン・ルーズベルト大統領。しかし、彼はポツダム宣言を目前に死亡。

第三三代アメリカ大統領に就任したのは、副大統領だったハリー・トルーマンだった。大戦争の勝利は、トルーマンの手中にあった。彼は大統領職を二期務めた（一九四五〜五三年）。

次期大統領に意欲を見せたのは、敗戦国日本を支配したダグラス・マッカーサー元帥《げんすい》と、ヨーロッパ戦線でナチスドイツを敗北に追い込んだドワイト・アイゼンハワー元帥だった。しかし、朝鮮戦争で戦闘継続を主張したことで、マッカーサーはトルーマンによって解任される。一説によると、平壌《ピョンヤン》への核攻撃を進言したという。陸軍を去るにあたって、マッカーサーが残した言葉、「老兵は死なず。ただ去り行くのみ」は、あまりに有名だ。

こうした流れで、第三四代アメリカ大統領になったのはアイゼンハワーだった。

大戦中、アイゼンハワーは連合軍総司令官の地位に就いた。ドイツと戦うのは、アメリカを中心とする連合軍（UN、現在の国際連合）となった。戦費の提供がアメリカとなれば、必然的に最高司令官はアメリカから、ということになる。

ところが、ナチスドイツに対して、唯一抵抗を続けていた英国には、アメリカにとってやっかいな将軍たちがいた。中でも、モントゴメリー大将（のちに元帥）は、対ナチス戦は「イギリスの戦い」であることを自負し、また強く意識していた。モントゴメリー将軍は、マーケット・ガーデン作戦という夢のような進軍計画を立案し、息も絶え絶えのドイツ相手に、無謀な戦いを挑んだ。

まず空挺部隊によって、ベルリンまでにある五つの橋を占拠。いずれも敵陣のど真ん中にある。次に、地上部隊が占拠した橋を難なく通過。ほぼ無抵抗の中、ベルリンを陥落させよう、というものだった。

作戦は失敗し、敵味方に多くの死傷者を出した。イギリスの恥、ひいては連合軍の恥ともいうべき作戦は、ハリウッドで映画化された。タイトルは『遠すぎた橋』。

イギリスを侮辱《ぶじょく》する内容で、ロバート・レッドフォード、ショーン・コネリー、アンソニー・ホプキンス、ジーン・ハックマンなど、超オールスター作品として仕上げた。

一方、多大な損害といたずらに時間を消費した元凶モントゴメリー将軍への対処は、アイゼンハワー将軍に一任された。結局、モントゴメリー将軍は「一〇〇戦して九九回敗れたが、最後の一戦を勝利した」という評価で、イギリスの英雄となった。

アイゼンハワー将軍は、モントゴメリーと連合軍、双方の顔を立てる調整役に徹したのだ。彼は戦闘が強かったわけではない。戦闘に限っていえば、猛将の誉れも高いジョージ・パットン将軍がいた。しかし、パットンはモントゴメリーを嫌い、ことごとく彼と対立した。

アイゼンハワーは、むしろパットン将軍の手綱を引き締める役どころだった。連合軍総司令官という地位でありながら、アイゼンハワーは裏方に徹して勝利をつかんだ。凱旋《がいせん》したアメリカ陸海軍の将軍、提督たちは、アイゼンハワーという男を知りつくしていた。そんな男が大統領になった。いや、「よくぞなってくれた」というべきか。

加えて、東西冷戦が始まる。軍予算を要求するのに、なんの障害があるだろう？　軍人にとって、アイゼンハワー大統領はたいへんありがたい存在だった。彼もまた二期八年、大統領であり続けた。VZという名で怪しげな飛行体をつくり続けてこられた背景には、第二次世界大戦を勝利した英雄の存在があったのだ。

転換飛行への挑戦

VZシリーズには、ほかにVZ－3、VZ－5などがあったが、VZ－4を例外に、いずれも既存のヘリコプターや、廃材となった古い機体を寄せ集めた珍機の類でしかなかった。

それら珍機の中から、オスプレイにつながる細い糸を手繰《たぐ》ってみよう。

一九五五年ごろは、アイゼンハワー大統領の一期目にあたる時代だ。言い換えれば、軍事予算「湯水のごとく使い放題」の時代だった。

戦後実用化されたヘリコプターは、このころアメリカ陸軍の大いに注目するところだった。ヘリの注目点は、まずVTOL、次いでホバリング（空中停止）、さらに前後左右への飛行、垂直上昇、垂直降下と数多くあった。もちろん滑走路は不要だ。

陸軍の期待とは逆に、ヘリコプターを設計したデザイナーたちは、ヘリが誕生した瞬間からその弱点というか、欠点を承知していた。同じ出力のエンジンであれば、ヘリコプターは飛行機より、スピード、搭載量、飛行距離、いずれの点においても劣る。これは不動の事実である。飛行機とヘリコプターでは、空を飛ぶという考え方がまったく違うからだ。

ならば、と考えるのが航空機デザイナーの本能ともいうべき特性だろう。転換飛行が可能な飛行体をつくればいい……かくて挑戦は始まった。

最初の転換機については諸説あるが、オスプレイにつながる「何か」を見いだすならば、現在オスプレイの共同開発メーカーであるベル社の挑戦にスポットを当てよう。

アメリカ陸軍は、ベル社に大型ヘリコプターを発注した。一九五二年のことだ。当初HX－33の名称で開発が始まったヘリだったが、ベル社内で試行錯誤を繰り返すうちに、ヘリコプターでないものに変化していた。

飛行機のデザインのベル社のヘリ、XV-3

ヘリとして設計されたため、機首は前面ガラス張りで、ここにコクピットがある。胴体、尾翼、垂直安定板は、そのまま飛行機のデザインだった。根本的に変わっていたのは、四五〇馬力のエンジンを胴体中央に配置し、そこから長い駆動軸を翼端まで伸ばして、その先に駆動装置があり、大きなプロペラが二つあることだった。単発でありながら二つのプロペラを回す、複雑な構造だった。

驚くべきことに、翼端に配置された二つの駆動装置は、それ自体を九〇度回転させることが可能だった。すなわち、二つの大きなプロペラを上に向ければ、ヘリコプターと同様に垂直に離陸できる。そして、翼端の駆動装置を九〇度回転させると、普通のプロペラ機のように前進飛行が可能となる。ベル社では、これをモデル２００と呼んでいた。

二機の試作機が完成したところで、アメリカ陸軍および空軍が注目して予算を付け、この風変わりな飛行体は、ＸＶ－３と命名された。一九五四年のことである。

すぐにも飛ぶと思われていたXV－3は意外に手間取って、一年後の一九五五年にようやく空中停止実験に入った。完全な転換飛行に成功したのは一九五八年のこと。離陸時はヘリコプターで、空中で飛行機に転換したのだ。二つの駆動装置をシンクロさせて動かすのは至難の業であった。小型軽量だったこともあり、転換に要した時間は約一五秒だった。奇《く》しくもオスプレイの転換所要時間と変わらない。

ただし、最高速度は時速約三〇〇キロほどで、これではヘリと変わらない。転換飛行機である必要性が見いだせなかった。ベル社は「大型エンジンに換装することで時速四〇〇キロは可能」と食い下がったが、そこまでだった。XV－3に関する予算は打ち切られた。

転換飛行初成功！

ほぼ同時期に、アメリカ陸軍はマクダネル社に対しても、同様の飛行体を発注した。XV－1と名付けられた機体は、上部の大きな回転翼で上昇し、前進については翼端に取り付けた、圧搾《あっさく》空気を噴出する空気ジェットエンジン（というかコンプレッサー）でプロペラを回す機能が採用された。これらをひとつのエンジンでやってのけた。

手っ取り早く軍の要求に応える、という点のみに重点をおいたデザインとシステムだった。そのかいあってか、XV－1は一九五四年に垂直上昇ののち、みごと水平飛行に成功した。XV－3の転換

史上初の転換飛行に成功したマクダネル社のXV-1

飛行に先駆けること四年、史上初の転換飛行に成功したのだ。

だが、転換飛行さえできればいいという姿勢で臨んだXV－1の最高速度は時速三二〇キロだった。やはりこれではヘリコプターと変わらない。しかも、システムの何もかもが複雑なXV－1は、ヘリコプターよりはるかに高くついた。XV－1は、史上初の転換飛行を成しとげたが、のちに伝えるべき技術はなかった。

プロペラで発生した後流を、主翼と整流板（巨大なフラップ）で風力エネルギーを下方に向けて、垂直離陸するという風変わりな機体もあった。このレシプロ機は、機体前方にプロペラがある。プロペラを高速回転させることで、後部に強い風の流れを起こし、その風力エネルギーで飛んでいるのだ。

ちなみに、前方にプロペラがある機体をプル方式という。前方へ引っ張られるように飛ぶからだ。逆に、機体最後部にプロペラがあるタイプをプッシャー式（エンテ式とも）という。後ろから押し出されるように飛ぶ。

子どものころ、扇風機を担いだら空を飛べるのではないだろうかと、

世界初のチルトウイング・ローター機、VZ-2

身体を張って実験した経験はないだろうか。実際、扇風機を大きなエンジンで回せば、空を飛ぶことができる。

ＶＺ－３バーティプレーンと名付けられた飛行体は、機体後方に流れるはずの風力エネルギーを、整流板でむりやり下方に流すという方式で浮き上がろうとした。請け負ったのはライアン社である。

シンプルなアイデアであれば、機体構造が多少複雑であろうと、「飛ぶ」という目的は達成できる。結果、飛行には成功したが、スピードアップや輸送能力の向上など、次につながるものは何もなかった。ＶＺ－３は、一九五六年に発注、初飛行は一九五九年のことだった。

一九五六年に、バートル社がアメリカ陸海軍から請け負った、世界初のチルトウイング・ローター実験機も、転換飛行に成功している。その名はＶＺ－２だ。

現代の視点で見ると、「かわいい」とか「おもしろい」という声が聞こえてきそうな珍機だ。コクピットは、当時売れ筋商品だったＨ－13ヘリコプターのそれを利用し、胴体はほぼすべてパイプフレームのみ。胴体中央に、立てたり水平にしたりが可能なチルト翼が乗っていた。動力は、ライカミング社製のＹＴ53タービンエンジン（七〇〇馬力）を使用した。これで、翼の左右についたプロペラを回して離陸し、空中で転換して水平飛行するのだ。ちなみに、前記のＶＺ－３も同じシリーズのエンジンを使用した。ただし改良型だったため、エンジン出力は一〇〇〇馬力だった。

ＶＺ－２は意外にも軍のお気に入りだったようで、一九六一年までの五年間で、四四八回の飛行に成功している。うち二七三回は、転換飛行に成功。しかし、この寄せ集めのごときＶＺ－２が、いくら転換飛行に成功したとしても、そこから先につながる何かはなかった。

一九六一年には、ケネディが大統領に就任した。軍事予算の見直しが始まろうとしていた。

しかし、ナンバーや名称こそ違えど、ほぼ同じ時期に、複数のメーカーに似たようなコンセプトの機体を次々と発注していたアメリカ三軍は、よほど潤沢《じゅんたく》な予算を抱えていたのだろう。莫大《ばくだい》な予算をばら撒いて数々の珍機をつくり続けたのだ。

垂直離陸の壁

ここまでは、飛行機を取り上げられた陸軍と、核時代に取り残された感のある海軍の試行錯誤だった。当然のことながら、アメリカ空軍もまた、転換飛行を模索していた。

安定性と丈夫さを誇る輸送機、C-130ハーキュリーズ

一九五七年に、ヒラー社が空軍から受注した機体は、「転換飛行が可能な輸送機」という要望だった。X－18と名付けられた実験機は、戦術輸送という任務を期待された。

このころ、輸送任務の主役はC－130ハーキュリーズという名の飛行機だった。抜群の安定性と丈夫さを誇る輸送機で、故障も少ない。使い勝手がいい。

しかし、空軍としては、より小回りの利く小型機がほしかった。C－130は離着陸時に長い滑走路を必要としたため、任務の範囲が限られる、という弱点があったのだ。

それでもC－130は改良に次ぐ改良でアップデートされ、二一世紀になったいまも現役で活躍している。自衛隊のPKO（国際連合平和維持活動）やPKF（平和維持軍）の任務などで、海外に飛ぶ姿は報道映像でも定番となっている飛行機ではある。

空軍の要望を説明すると、たとえば宅配便や郵便物のケースがわかりやすい。大都市などの拠点から拠点への運送は、大量の荷物を一気に運べる大型トレーラーを使う。深夜高速道路を走ることで、スピードアップによる効率化をはかっている。大型トレーラーは、全国各地にある集配拠点まで荷物を運んで仕事を終える。そして、集配拠点で荷物の仕分けをしたあと、街中を走る小型運搬車が最終目的地である顧客に荷物を届ける。

概念としては、大型トレーラーがＣ－１３０。そこから先の配達を行う小型運搬車、それがアメリカ空軍の要望だった。だから、転換飛行機がほしかったのだ。

話を戻そう。

Ｘ－18には、Ｖ／ＳＴＯＬ機としての期待がかかっていた。ＶＴＯＬとは垂直上昇できる飛行機のこと。ＳＴＯＬは短い滑走路でも離着陸が可能な飛行機のことを指す。アメリカ空軍にとって、Ｃ－１３０という輸送機がある以上、新たに開発するとなると、Ｖ／ＳＴＯＬ機以外の選択肢はなかったのだ。

わずか数年のうちに、ＶＴＯＬ実験機が各社から発表され、ことごとく中途半端な結果で、計画が打ち切られたことは周知の事実だった。それでも依頼があれば、チャレンジしなければならない。

そして、ぜひともチャレンジしたいのが、飛行機メーカーの宿命だ。だが、後発にあたるＸ－18の開発について、ヒラー社は慎重だった。

小型搬送用の転換飛行機、X-18

　何もかも新たに設計するとなると、いわゆる「机上《きじょう》の空論」と素材吟味《ぎんみ》や設計の矛盾などが出て、現場が混乱するおそれがあった。立ち往生ののち、一からやり直しになりかねない。当然納期は遅れ、予算は打ち切られる。そこでヒラー社は、新たに設計したのはチルトウイングだけで、それ以外はすべてあり合わせですまそうとした。

　胴体はチェイス社（のちにフェアチャイルド社）の試作した小型輸送機ＹＣ－１２２Ｃを利用した。エンジンは海軍の飛行艇Ｒ２Ｙで実績のあったＹＴ－40ターボプロップ、五八五〇馬力を二基。そして、プロペラは二重反転タイプとした。

　二重反転プロペラには使用実績があった。一九五四年に初飛行したＸＦＹポゴスティック（通称ポゴ、竹馬の意）から流用したのだ。

　ＸＦＹポゴは、アメリカ海軍が「空母以外の艦船から離発着できる」垂直上昇戦闘機として開発された。メーカーはコンベア社だ。

一九五四年八月一日に、世界初の垂直上昇に成功。ただし一二メートルまでである。同年一一月二日には、垂直上昇↓水平飛行↓垂直着陸に成功した。ただし、ポゴは飛行機を垂直に立てて発進するテイルシッター機だったため、パイロットには地上が見えないという欠点があった。したがって、ポゴの離発着は、パイロットにとっては恐怖以外のなにものでもない「危険な飛行機」で、一九五六年には計画が終了した。見かけはいいが、実用性を欠いた飛行機の見本だったのだ。

同時期に、ロッキード社も同じコンセプトの機体、ＸＦＶの開発に着手。こちらは飛ぶことすらできなかったようだ。

いずれも二重反転プロペラを採用していて、Ｘ－18はこれを使用した。このプロペラをはじめ、「寄せ集め」というか、「廃物利用」というべきＸ－18は、一九五九年、普通の飛行機として滑走路から離陸した。水平飛行から垂直姿勢への転換には成功したが、垂直離陸はできなかった。

試行錯誤のうちに、一九六一年、Ｘ－18計画は終了した。

優先された爆撃機

トルーマン、アイゼンハワー両大統領の時代は、軍にとってまさに夢のような時間が流れていた。

しかし、アイゼンハワー大統領任期満了後、「次期も共和党から」と送り出された大統領候補はリチャード・ニクソンだった。

このときから、大統領選挙の公開テレビ討論が始まった。普及し始めたテレビには、そんなに多くのコンテンツはなかった。だから、大統領候補者がテレビで罵《のの》り合うとなれば、テレビを所有している家庭や、人が集まるバーや食堂などで、多くの国民が興味深く見た。

ニクソンは民主党の大統領候補ジョン・フィッツジェラルド・ケネディに敗れた。四三歳という若さで大統領職に就いたケネディは、女たらしで知られていたが、政治は強気だった。実弟ロバート・ケネディを法務長官に据《す》え、国防長官にはロバート・マクナマラをあてた。

マクナマラは、元祖コストパフォーマンスの鬼だった。膨れ上がった軍事予算をガンガン切った。そして、最優先された大陸間弾道弾（核ミサイル）が完成した。アトラスやタイタンなどが開発され、発射実験を繰り返すことで、安定した飛行と長大な射程距離が確保可能となったのだ。つまり、アラスカから発射すれば、モスクワを直接狙えるまでになった、ということだ。

当時のアメリカ空軍内の戦略空軍トップ、カーチス・ルメイ将軍は、太平洋戦争勝利の英雄だった。前述した通り、当時の超兵器B－29の成功によって、アメリカ空軍は陸軍からの独立を許された。したがって、ルメイ将軍の脳裏には「長距離飛行が可能な大型爆撃機の開発」しか念頭になかったのだ。

核爆弾を九トンも搭載可能なうえ、亜音速で飛行するB－52、その名も「ストラトフォートレス（戦略要塞）」が完成していた。メーカーはボーイング社である。

次は高速だ、とばかりに、デルタ翼の四発ジェット爆撃機B－58ハスラーの開発に成功。コンベア社のデザイナーたちは、マッハ二以上の高速達成にこだわるあまり、胴体を極端なまでに細くつくってしまった。

おかげで、Ｂ－58は胴体内に爆弾倉はなく、やむをえず胴体下に爆弾収納ポッドを取り付けることになった。当然スピードが落ち、ルメイ将軍は激怒したが、要求性能を満たしているため、見た目は美しい爆撃機をアメリカ戦略空軍に配備した。

少しそれるが、一九六二年に突如起こったキューバ危機の際、先制空爆を主張して止まなかったのが、ルメイ将軍だった。

フロリダの目と鼻の先にあるキューバに、ソ連がひそかに中距離核ミサイルを搬入した、という疑惑が発生。ルメイ将軍は、ここでＢ－58を使った空爆を提案したのだ。スピードにこだわったあまり、航続距離も犠牲にした爆撃機の使いどころはここしかなかった。

第三次世界大戦＝核戦争の勃発《ぼっぱつ》を懸念したケネディは、疑惑の輸送船の海上臨検を実施。その結果、ソ連船は引き上げ、寸前のところで人類の終末は回避された。そのケネディは一九六三年、ダラスにおいて凶弾に斃《たお》れた。

このころ日本では衛星放送の受信が始まった。最初に飛び込んできた映像が、ケネディ暗殺の現場だった。アメリカはもちろん、日本を含む諸外国は大きなショックを受けた。

オスプレイ原型の完成

Ｘ－18の開発は終わったが、ＶＴＯＬ輸送機という概念を気に入ったのだろう。アメリカ空軍のみならず、陸軍と海軍もこのコンセプトに乗ってきた。そこで三軍共同開発（トライサービス）が始まった。

要求仕様書は一九六一年二月に開示された。各メーカーからの計画書が提出されたのが四月。そこからメーカー選定に入り、意外にも九月まで長引いたが、受注メーカーはヴォート社、ヒラー社、ライアン社の三社共同開発となった。ヴォート社はＦ－８クルセイダーで可変取付け角翼で実績があった。ヒラー社は最初のＶＺ－１からＸ－18まで、この手のプランに数多く参加していた。ライアン社は、やはりＶＺ－３やＸ－13などのＶ／ＳＴＯＬ機を手がけ、転換飛行時の機体安定や操縦性に関してのノウハウがあった。

設計目標は、貨物搭載量三・六トン、時速四六〇～五六〇キロ、貨物満載時の航続距離三七〇～五七〇キロとある。時代を考えれば、十分な目標だった。

速度に関しては、現在のオスプレイとあまり変わらない。つまり、音速の半分程度、というのがターボプロップの限界というか、妥当な数値目標だったのだろう。半世紀以上前のことだ。

発注者は陸海空軍、請け負った業者は三社となれば、考えられるのが「突然の仕様変更」だろう。メーカーもまた「技術論や方法論の違い」によって、現場が混乱する可能性があった。

そこで三軍は、次のような条件を提示した。
①仕様書の要求性能を満たすこと。
②機体の形状は、通常の飛行機と同様に主翼と胴体があること。
③飛行中また地上における取り扱いが容易であること。
④生産にあたっては、技術上の問題が発生しないこと。
シンプルかつユニークな条件提示だ。
①について、われわれ日本人にとっては、「こんなことが条件になるのか」という疑問も湧く。しかし、多民族国家であるアメリカ合衆国においては、基本中の基本がもっとも重要であることを強調しているのだ。
②はもっともユニークなポイントだ。「飛行機に主翼と胴体があるのは当たり前」と考えるのは、やはり日本人特有のあいまいさだろう。これくらい書いておかないと、アメリカのメーカーは何をしてくるかわからない。ドラえもんのタケコプターのように、球体の機体にプロペラを付けて、姿勢制御でＶＴＯＬをしてみせる、などという試作機をつくるかもしれない。自由の国ということは、発想や方法論だって自由なのだ。メーカー三社の中にはすでに珍機づくりの「前科」があるところもある。だから条件で釘《くぎ》をさしているのだ。
③は、転換飛行の困難なことについて、暗に言及している。操縦しやすく、整備も容易であるよう

に、と。要求仕様を満たして、なおかつ主翼と胴体があっても、「操縦が複雑で失速の危険があり、一度飛ぶたびに整備に丸一日以上かかるような機体はだめ」と言っているのだ。

④もまた、ユニークな条件だ。技術上の問題が起こることを、いやメーカーが必ずそう言ってくることを前提としている。メーカーが言いそうな「特殊な形状の部品を使用するため、部品精度が高く、生産が困難だ」という主張を禁じている。

加えて、非常にレアで高額な素材を使用することも暗に禁じている。機体価格の高騰につながるからである。また、メーカーの主張を受け入れていると、レアと称する素材で法外な利益を乗せてくる可能性もある。軍は「ちゃんと知っているぞ」と釘をさしている一文だ。

ヴォート、ヒラー、ライアン三社に正式発注が出たのは、一九六二年一月。名称はXC－142Aと決まった。

基本仕様は、四発のターボプロップエンジンで、ダイレクトに可変ピッチプロペラを回して飛行するチルトウイング機で決定した。四つのエンジンのうち、二つが止まっても安定して飛行できるよう、四つのプロペラはそれぞれクラッチでつないで駆動する、というアイデアも盛りこまれた。VTOL機の場合、ひとつでもプロペラが止まると墜落する危険性があるため、万全を期したということだ。

さらに、機体後部にもうひとつ、姿勢安定のための小さなプロペラがついている。合計五つのプロペラがあった。

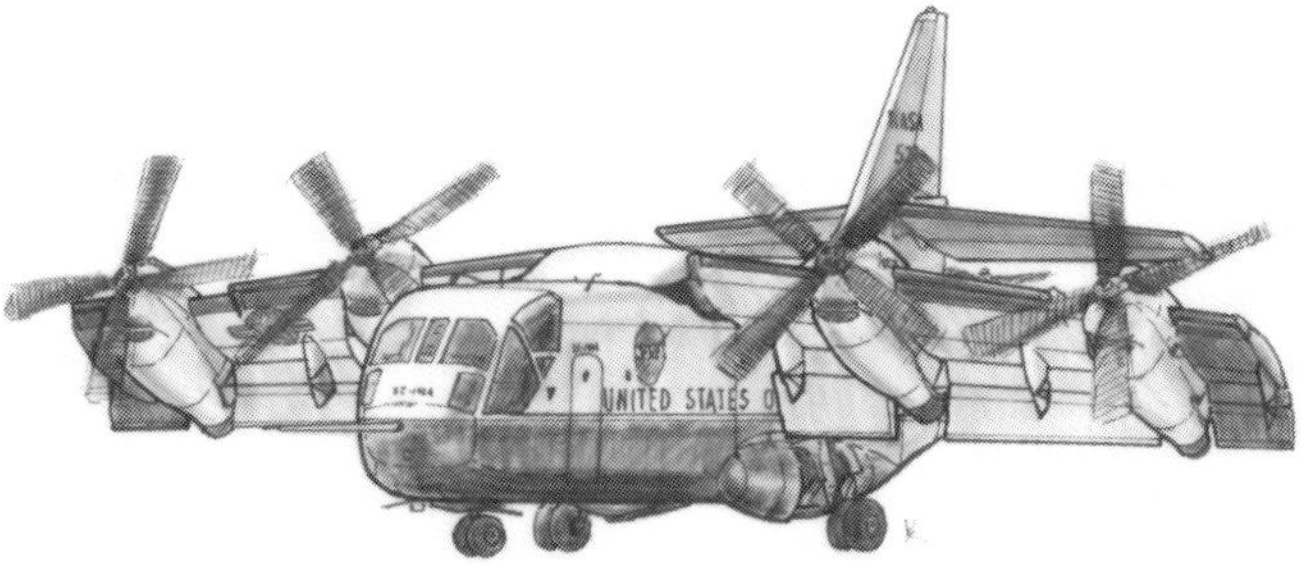

オスプレイの原型となった実験機、XC-142A

ＸＣ－１４２Ａの開発は順調に進んだようで、一九六四年九月二九日、日本では東京オリンピックの熱気で沸きかえっているころ、無事初飛行に成功した。同年一二月二九日、ホバリング（空中停止）に成功。翌一九六五年一月一一日、ＸＣ－１４２Ａは、ついに垂直離陸↓ホバリング↓水平飛行↓ホバリング↓垂直着陸、というＶＴＯＬ機としての機能をあますところなく発揮した。「三人寄れば文殊《もんじゅ》の知恵」効果なのか、三社共同開発による実験の成功である。オスプレイの原型は、およそ半世紀前すでに完成していたのだ。

転換飛行に成功したわずか一ヵ月後、ＸＣ－１４２Ａは一般公開飛行を行った。スポンサーである陸海空軍に加え、ユナイテッド、アメリカン、デルタなど、合計七つの航空会社も公開飛行に立ち会った。アメリカ人のイベント好きの表れでもあったが、三社は完成したばかりのＶＴＯＬ機を民間にも売りこもうとしたようだ。しかし、完成したとはいえＸＣ－１４２Ａは試作機、実験機である。民間航空会社は、やんわりと発注をひかえた。

その後も運用実験は続き、地上はもちろん空母への離着艦のテストも行った。さらに空中からの資材投下実験にも成功。結果は良好だった。

にもかかわらず、XC－142Aはどこにも採用されなかった。ひとつの理由は、高額になった開発費である。一説によると、ここまでで一億ドル（一ドル＝三六〇円時代）以上かかった、とされる。

もうひとつの理由は、激化するベトナム戦争にデリケートな機体は不要だという現場からの声があったからだ。生死を賭《か》けた戦場で「VTOL機の実験運用などもってのほか」という声が上がったのだろう。

いずれにせよ、ベトナムという過酷な戦場においては、前線への物資補給はむしろヘリコプターが向いていた。視点を変えれば、ベトナム戦争において「ヘリコプターを鍛えよう」という陸軍の意思が見えた。

時代の現実という厚い壁にはばまれて、XC－142Aは画期的な飛行機だったにもかかわらず、ついに姿を消した。テストの打ち切りは一九六七年末のことだった。

小さな成功の積み重ね

完成したXC－142Aはチルトウイング方式だが、当初アメリカ海軍はダクテッドファン方式にこだわった。空母はもちろん、甲板《かんぱん》を持たない艦船でも運用したかったからだ。狭いデッキでの運用となると、プロペラを覆うダクトが必要ということになる。むき出しのプロペラは危険だった。

あきらめきれなかった海軍は、ＸＣ－１４２Ａとは別に、ベル社にダクテッドファンＶＴＯＬ機を発注した。同じ一九六二年のことだった。ベル社もまた、一九五三年ごろからＶＴＯＬ機の研究を始めていた。そのプロセスにおいて形になったのは、すでに述べたＸＶ－３だ。

新型機の開発は順調に進み、一九六五年五月二五日、ベル社ニューヨーク工場において、一号機が完成した。Ｘ－22と命名された。同年一二月には二号機が完成。

入念に地上テストを繰り返したＸ－22一号機は、一九六六年三月一七日、垂直離陸したのちホバリングにも成功する。しかし、同年八月八日、一号機は試験飛行中、油圧システムにトラブルを起こし、不時着した。機体はスクラップとなったが、二名のパイロットは無事だった。

翌一九六七年三月、二号機が転換飛行に成功。「ひとつつくるなら、もうひとつつくっておけ」の法則が生きた例だ。ベル社が試作機を一機しかつくっていなかったら、Ｘ－22計画は終わっていたかもしれない。ここまでの流れが「細い糸」だっただけに、もしこのＸ－22の糸も切れていたら、ＭＶ－22オスプレイはなかったかもしれない。

二号機は、高度二四四五メートルまで上昇した。これはＶＴＯＬ機による高度到達新記録だった。

ダクテッドファン方式、わかりやすくいえば「ドラム缶の中でファンを回す」かのごときシステムには、短いけれど歴史があった。

史上初のチルト・ダクテッドファン方式で飛ぶVTOL機、VZ-4

珍機博覧会ともいうべきVZシリーズだったが、VZ－4にダクテッドファン方式のルーツを見ることができる。VZ－4は、アメリカ陸軍がドーク社に発注した、史上初のチルト・ダクテッドファン方式で飛ぶVTOL機だった。

鋼管フレームにプラスチックを張った胴体に、金属製の主翼があって、おまけに尾翼もちゃんとある。VZ－4のデザインは、まぎれもなく飛行機であった。

エンジンは胴体中央に八四〇馬力のタービンエンジンを一基搭載して、これで翼端に配置した二基のダクテッドファンを回す。

エンジン排気は機体後部から排出するのだが、これを推力にと考えたわけではない。エンジン排気を、低速飛行時あるいはホバリング時の姿勢制御に使用したのだ。なかなかのアイデアだ。

なお、VZ－4は翼端のダクテッドファンを零度から九五度に動かすことができた。九五度に傾けると、ホバリング状態からバック飛行が可能になる。

オスプレイも同様に、プロペラとエンジンを九五度まで傾けることができる。

ＶＴＯＬ飛行をするためだけに計画されたＶＺ－４は、小型軽量である機体の特性を生かし、一九五八年二月二五日、順調に垂直上昇に成功した。全長は九・七五メートル、全幅は七・七七メートルだった。いかにも小さく、搭乗員は二人である。

その後、映画『ライトスタッフ』などでおなじみのエドワーズ空軍基地で、五〇時間の飛行テストを行い、このとき初の転換飛行に成功した。

翌一九五九年、ＶＺ－４は陸軍とＮＡＳＡの管轄となり、繰り返し実験飛行を行った。大した事故もなく数々のテスト飛行を終え、ヴァージニア州フォートユースティス陸軍輸送博物館入りとなった。

オスプレイへの道には、こうした小さな成功の積み重ねがあったことは、まぎれもない事実である。

垂直離着陸の成功モデル

Ｘ－22はＶＴＯＬ機の成功モデルとなった。

一九六〇年代も半《なか》ばを過ぎると、ジェットエンジンも高性能になり、かつ安定性が向上し、機械部品の信頼性も高まった。なにより、電子部品の品質が格段に上がったことが、成功の大きな要因であった。

実際、Ｘ－22の操縦席にはＨＵＤ（ヘッド・アップ・ディスプレイ。コクピット頭上にあるモニターのこと）とＨＤＤ（ヘッド・ダウン・ディスプレイ。操縦パネルにあるモニターのこと）が搭載されていた。ディスプレイはＣＲＴ（キャソード・レイ・チューブ。陰極線管＝ブラウン管のこと）で、当時の最新テクノロジーが惜しみなく投入されていた。引き込み脚も試みたが、こちらはたびたび不具合が生じ、結局、脚は出しっぱなしでテスト飛行にのぞんだ。予算を使い切ったのだろう。

Ｘ－22は、全長、全幅ともに一二メートル前後の小型機だった。しかし将来を見据えてか、箱型断面の胴体に、コクピットは二席並列とした。サイズを考慮しなければ、Ｘ－22はあきらかに輸送機に見える。

三枚羽根のダクテッドファンは、機体前部と主翼端に合計四基を配し、一二五〇馬力のターボシャフトエンジンを四基、これらは機体後方にある主翼の付け根に取り付けられた。

それぞれのエンジンは、一一個のギアボックスを通じてダクテッドファンを回した。基本的にはヘリコプターの「ローター回転による飛行」と同じ原理であるが、Ｘ－22はプロペラ径が二・一三メートルとヘリに比べて小さいため、より高速で回転させる必要があった。いや、プロペラ回転スピードに大きな幅を持たせるために径を小さくした、と考えるのがいいだろう。

Ｘ－22が垂直上昇ののち、水平飛行に転換するためには、ダクテッドファンの角度を変える必要があった。毎秒五度のスピードでダクテッドファンが動いて、水平位置まで転換するのに一八秒を要した。

ついに完成したVTOL機の完成モデル、X-22

オスプレイが危険視されているのは、やはり転換時にプロペラ角度が変化する点である。「魔の時間」といっていい。オスプレイの変換所用時間は、およそ一五秒とされている。X－22より三秒ほど短縮したことになる。たった三秒、という疑問もあるが、長い試行錯誤の果ての三秒と見るべきだろう。

X－22にはVSSというシステムが搭載された。VSSとはヴァリアブル・スタビリティ・システムの略で、機体の推力・ピッチ（機首の上下動）・ロール（機体を軸とした回転）・ヨー（機首の左右動）をコントロールしつつ、飛行姿勢を制御するという画期的なしくみであった。いまならコンピューター制御と表現すればすむが、当時にそういった概念はなかった。

X－22の垂直安定板の先端には、大気センサーが取り付けられていた。大気センサーは動力飛行中の風の流れを感知することができた。さらに、ホバリング中（速度ゼロ）でも、大気の動きを感じることができた。これらデータをＶＳＳが処理した。ＶＴＯＬ機開発の一〇年を超える試行錯誤は、技術の進歩によって、ようやく「安定」という二文字に到達したのだ。

この事実を裏づけるデータをあげてみよう。

ついに完成したＶＴＯＬ機に、アメリカ陸軍、空軍も大きな関心を寄せた。発注者である海軍も加えて、三軍による合同評価チームを結成した。

陸海空軍から一三名のテストパイロットが召集され、ベル社において二一日間の試験飛行を行った、とある。軍のトップが決定した新型機を採用するにあたり、現場に評価させ、かつ周知させるための根回しと見ていいだろう。

Ｘ－22は、二年半で二二〇回の試験飛行を実施。総飛行時間は一一〇時間。垂直離陸回数は三八六回。転換飛行回数は一八六回。最高速度は時速四一〇キロ。

記録を見る限り、きわめて良好な結果となった。

その後Ｘ－22は現役のＶＴＯＬ実験機として長く運用され、じつに一九八〇年五月まで、数多くのデータ収集に貢献した。ベル社がＶ－22オスプレイの開発をスタートさせたのも、このころだった。

ＶＴＯＬ機の成功モデルから、二〇一二年のオスプレイ日本配備までに、じつに六〇年の歳月が流れた。時間だけではない、膨大な予算と人的資源が投入されていたことがわかる。もはや歴史の重みといっていいだろう。

振り返ってみると、オスプレイはアメリカ陸海空軍の悲願であった。しかし、アフガニスタンなどで実戦投入した結果、事故を起こしている。もっとも、軍事機密という厚い壁はいまだ健在で、事故原因について真偽《しんぎ》のほどは、闇の中である。

二〇一三年夏、アメリカ合衆国オバマ大統領は、自らを含む政府要人たちの移動および夏期休暇にオスプレイを使用するよう要請した。結果、オスプレイのエアフォース・ワンが誕生した。

アメリカ大統領自ら行うトップセールスである。

第4章

羽根をもがれた日本

――オスプレイの怨念

飛行機をつくらない日本の技術

ここでは「原子力発電事故」と「ロボット」という現在の日本の技術力を問われる問題から、戦前戦後の日本における飛行機の位置付けを見直してみよう。つまり、飛行機をつくらなくなった日本の技術について、だ。

東日本大震災の大津波によって、原発のひとつが爆発した。福島第一原子力発電所だ。史上最悪、という海外からの評価もある。

問題は、爆発した原発を「どうにもできない」という点だろうか。原発内部の写真一枚撮るのに、大変な手間と金、さらにおよそ二年という時間を要した。

前政権は「福島第一原子力発電所を廃炉にする」と宣言した。ただし「四〇年後」だという。私を含め、年配の人間の大半は生きてはいまい。気の毒なのは、何の罪もなければ責任もない、産まれたばかりの赤ん坊が四〇歳になっているという事実である。前倒しするというニュースも流れるが、いずれにせよ遠い未来の話だ。

「四〇年後に廃炉にする」と前政権は発表した。主語のない言葉だ。微妙な状況を考慮しつつ、あえていうと「東京電力が」ということになる。

つまり、「四〇年後に廃炉にする」ためには、東京電力が四〇年後も存続している、という未来になる。あるいは存続させる、でもいいだろう。いかに政府が乗り出そうが、当事者がいなくなれば、先の道筋すら見えなくなる。

溶解した燃料棒を、いったいどこの誰が、どのようにして無力化するのか？　そもそも無力化などできるのか？　人間が作業することはむずかしい。放射能という、日本においては「死」を連想させる言葉がつきまとうからだ。

だから、人に代わって原発の解体作業をしてくれるロボットをつくろう。詳細は語られなかったが、沈滞する「日本のものづくり」の現場から、ホンダをはじめとするメーカーによる作業ロボットの開発という、まるでＳＦの世界があたかも現実問題であるかのように、話題にのぼるようになった。つまり、四〇年後には、作業ロボット（人型という声もある）たちによって「福島原発を廃炉にできるかもしれない」ということを暗示している。

果たしてＡＩ（人工知能）搭載の人型作業ロボットがつくれるのか？　飛行機づくりの技術を封じられた日本は、その技術力をロボットに注ぎこもうとしている。奇《く》しくも原発事故が誘導したかのように。

フクシマショックを真剣に受け止めているアメリカは、将来起こるであろう、深刻な原発事故に対する備えのひとつとして、使用目的を失った陸戦用軍事ロボットを、作業ロボットに転用するという。

アメリカ陸軍の陸戦用（戦闘用）ロボット研究開発の期間は三〇年以上とされる。いまだに結果が出ていないのか、戦場に投入したというニュースはなかった。

もっとも各種爆弾解除を補助するロボットは、イラク戦争以降に逐次《ちくじ》運用されているようだが、大型ラジコンキャタピラ走行模型の域を出ていない。ならば、ということか、アメリカ国防総省は、軍事ロボットを災害救助ロボットに転用するというニュースもある。

二〇一三年になって、アメリカ国防総省は補助金を付けて、広く世界にロボットエンジニアを求めているようだ。もちろん、世界から優秀な人材を集めるためだ。

アメリカ国防総省の作業用ロボットトライアルに、まず韓国企業サムスンが名乗りを上げた。だが日本は消極的だ。最先端と見られているホンダは不参加を発表した。

わが国のロボット工学に関しては、東大と阪大が抜きん出ているそうだが、かつて国立大学だったことを理由にあげ、このコンペには参加しないことを表明した。

組織では参入しないが、個人なら、ということで、東大工学部の有志たちが、大学を辞して挑戦している。補助金というべきか、助成金というべきか、アメリカ国防総省が用意した支度金二億円も魅力だったのだろう。

「ガンダムの世界は近い」

可能性だけの話だが、仮にアメリカが先に災害現場支援ロボットを完成させた、としよう。プロトタイプが完成したあとは、ロボットを量産するのは時間の問題となる。とくにアメリカの場合は、驚くべきスピードで量産体制に入ることができる。

アメリカ合衆国の生産力の高さは、日本などの比ではない。

かつて第二次世界大戦の最中、対ドイツ戦に向けたＭ４シャーマン戦車が完成した。オリジナルの設計および製造（メイン・コンストラクター）はクライスラーだったが、ただちにＧＭ、フォードなども生産に入り、あっという間に万単位で生産するに至った。そして、ただちに対ドイツ戦線に投入された。

同様に、欧州および日本領の制空権を奪還するために、Ｆ６ＦヘルキャットやＰ－51ムスタングなどの高性能戦闘機を四万も五万も量産した。そして、超高性能爆撃機Ｂ－29スーパーフォートレスをおよそ四〇〇〇機も生産してしまう能力があった。

Ｂ－29の完成時期は、世界大戦終結寸前であったため、対ドイツ戦線には投入されなかった。超長距離飛行性能を生かして、一九四五（昭和二〇）年になっても抵抗を続けていた日本に対してのみ運用された。同時に「木と紙でできている」といわれた日本の家屋をターゲットとしたナパーム弾（油脂焼夷弾）という新兵器も投入された。

かくもアメリカの生産能力は高い。

「使えるロボット」が完成した暁には、国内はもとより、日本などの金がある国がこぞって買いに走るだろう。またしてもビジネスチャンスはアメリカのものとなる。

これは災害現場で活動可能なロボットの話題だ。瓦礫《がれき》などの障害物が地面を覆い、起伏に次ぐ起伏の地形を移動することができるロボットのことだ。そして、ロボットはリモコンなどではなく、ＡＩによって「自らの判断でミッションをこなす」ことが期待されている。

二脚歩行のみならず、三本以上の多脚歩行、二対のキャタピラ走行、四対あるいはそれ以上のキャタピラ走行が検討されているようだ。

しかし、災害時作業用ロボットは、まだ完成の域には達していない。乗り越えるべきハードルは多いし、すべてをクリアしたとしても、数多くの実証実験も必要だろう。対費用効果も、現代を生きるわれわれにとって不可避の要素だ。

もうひとつ、忘れてならない視点がある。軍事ロボット、戦闘ロボットの件だ。

産業ロボット、救助ロボットが完成の域に近づいたころ、ふたたび軍事、戦闘に転用するプランが頭をもたげてくる。

だから「殺人ロボット製造禁止」を呼びかけている団体が日本にもある。いずれにせよ、メーカーに勤務していれば、自分が何をつくっているかはわかる。そういった人たちが、注意を喚起しているのだ。「ガンダムの世界は近い」と。

ロボットは人を超えるか

テクノロジーに話を戻そう。

日本でのロボット使用は、おもに自動車メーカーなど、大企業に限られたものという印象がある。もちろん「日本はここまで進歩していますよ」というイメージを、国民に植え付ける効果もある。

古くは、船舶の船底清掃ロボットがあった。

船は港に停泊していると、牡蠣殻《かきがら》や貝殻が船底にこびりつく。こうなると船のスピードは落ち、燃費も悪くなるから、それらを掻き落とす仕事があった。もともと、ドックで人手による作業をしていた。

ところが、造船技術の発達により、巨大な輸送船やタンカーの製造が可能となった。大型車両運搬船やスーパータンカーである。一〇万トンから五〇万トンクラスになると、船底のサイズも桁《けた》外れに大きい。人手ではとても不可能となった。時間効率よりも、作業員たちの精神的ストレスが問題となった。そこで船底清掃作業のためのロボットが開発された、というわけだ。

昨今では、中小企業のロボット導入が増えている。「ロボット製造のコストダウン」という努力の結果、投資が割に合うようになったからだ。

たとえば製造業の組み立てラインに、人間にまじってロボットが作業する映像が流れる。ラインからはじき出された工員たちは、「私たちはもっとスキルレベルの高い仕事をします」と発言していた。

高度な産業ロボットを導入しているある会社では、熟練職人が「仕事がなくなる」と声を上げた。しかし経営者は「ひとつの技術で一〇年もメシが食えるという発想は捨ててもらわなければ困る」という発言をしている。人件費フリーは、もちろん資本家の理想でもある。

いわゆる「職人の技」は、よほど精緻《せいち》かつ高度なそれか、あるいはマーケットが小さすぎて対費用効果に合わないもの以外は、すべてプログラミング可能だという。制御プログラムも、一般には想像もつかないレベルまで進化していることも事実だ。

ロボットとは、言い換えれば「プログラムされた作業をこなす」機能、および機械である。休む必要もなければ、給料もいらない。『鉄腕アトム』や『ロボコップ』に相当するアンドロイド（人型機械）のことだ。

もちろん人が操作する作業機械にもOS（オペレーションシステム）やプログラムが内蔵され、かなりの作業量と作業スキルをサポートしている。しかし、それはあくまでも機械であってロボットではない。

驚いたのは、人にまじって作業をするロボットは、そのスピードを人に合わせている、という現実だ。工場の組み立てラインをすべてロボットにすると、さらに作業スピードや精度が上がるのだが、そうすると人の仕事を奪う結果になるからだ。まるでロボットが「人を気遣って、持てる力の半分も使わずに仕事をしている」かのごとき報道が流れている。

ロボットか、職人か。いま、「ものづくり日本」は微妙な岐路に立っているといえる。

空飛ぶロボット、無人飛行機

アメリカのロボット技術に目を向けると、今世紀に入ってから情報が出始めた無人飛行機がある。軍用無人飛行機ＭＱ－９リーパーをはじめとする小型プロペラ機など、数多くの無人機があるという。小型軽量の機体で、主たる任務は偵察である、とされている。

イランやパキスタン、アフガニスタンなどで撃墜されたという報道も流れている。しかし、アメリカ国防総省、ＮＳＡ（アメリカ国家安全保障局）、ＣＩＡ（アメリカ中央情報局）などは詳細なコメントを控えている。

この無人機は、いったいどこが管轄し運用しているのかさえわからない。リーパーなどは小型軽量であるがゆえに、大きな滑走路は不要と見られている。離着陸が簡単に行える、ということになる。

もちろん搭載燃料も機体サイズに応じると推測されることから、遠距離の飛行は無理だろう。だから、無人機がイランやパキスタンで撃墜されたのなら、それらは空母や強襲揚陸艦などの艦船から離発着したと考えられる。

無人機のルーツについては、イスラエルの無人リモコン機が考えられるが、おそらくその着想を取り入れたのだろう。

アメリカの軍用無人偵察機、MQ-9リーパー

いっぽうアメリカ軍はクルージングミサイル（巡航ミサイル）を開発した。これはマッハ以下で飛行するミサイルで、レーダーの探知範囲を下回る、地表すれすれを飛ぶ（NOE＝ナップ・オン・ジ・アース）とされたことから、ステルスミサイルとも呼ばれた。

巡航ミサイルの飛行は衛星経由によるGPS機能を利用して、自己の位置を確認しながら目標目がけて飛行する、というプロセスのようだ。

有名なところではトマホークが湾岸戦争やイラク戦争に投入され、発射の模様は報道でも流れた。暗闇の海に浮かぶ駆逐艦から、排気光とともに垂直に蛇行しながら上昇する映像は、今でも鮮明に記憶に残っている。その後、巡航ミサイルがNOEしている映像はない。機首にカメラがあるはずだが、その映像は公開されない。

無人飛行機は、リモコンミサイルと巡航ミサイルという二つの要素から導き出された回答かもしれない。飛行機をつくる国の発想だ。

無人機に関しては、やはり世界の中でアドバンテージを持つアメリカがひそかに開発し、実戦に投入している機体だ、と考えるのが妥当だろう。

おそらくＡＩ搭載、完全自立型学習機能付き飛行機。すなわちロボットである。しかも殺人ロボットだ。

空飛ぶロボットならば、機体開発もさることながら、新たに開発した無人機に適合し、運行するべきソフトウェアの開発もまた、同時に行う必要がある。大気中を飛ぶ飛行機としての機能はもちろん、ミッションを達成するための頭脳もまた必要である。

ところで最近、上海などで開かれている、新型軍用機展示会なるイベントがある。中国最新のジェット機などが展示されている。会場上空を飛んでいる機体とは別に、だ。

そんな中で、シートをかぶった機体があって、主催者側は「無人機だ」と称している。シートははずされることはなく、中身がわからないままの映像が、そのまま世界に配信されている。あれは国内に対してのメッセージなのだ。

映像は流れたが、解像度が低く、本物か模型か判別しがたい。中国製の無人機を疑っているわけではないが、あれば今ごろ尖閣諸島の上を飛び回っているだろう。

ものづくり日本がはまったわな

かつて、日本はものづくり大国であった。

一九八〇年代、イギリス首相「鉄の女」マーガレット・サッチャーが来日した。サッチャーは、政府や財界関係者との会談をほとんどキャンセルし、ひとつのことを強く要求した。「大田区などの下町の工場を案内してほしい」と言ったのだ。

彼女は、そこで驚くべき光景を目撃した。定時を終えた職工たちが、今日の仕事について熱心に話し合っている姿があった。通訳は言う。「一日の仕事を終えた職工たちが、自らの意思で作業効率や、よりよい製品をつくるために議論しているのだ」と。

このころブームとなったQCサークル活動だった。QC＝クォリティ・コントロール、日本語訳は品質管理だ。

ものづくり日本の本質を、鉄の女は目の当たりにした。そこには、日本の職工たちが一日の仕事で得た経験値を、並列化している姿があった。

イギリスはというと、資本家が金を出し、職工を雇う。給料は上がらない。決められた仕事を決められた手順で進めるだけでよかった。

品質の向上とか、よりよいものをつくる、という感性は労使双方になかった。なぜなら、イギリス製品の品質は完成レベルにあるし、新たな道具や機械をつくる必要がない。イギリスの資本家たちはそう考え、労働者たちにもそんな考えが刷りこまれていたからだ。

　このような思想にたどり着いたのにはわけがある。

　まず、イギリスは産業革命発祥の地であり、多くのことを経験していたことだ。一世紀以上にわたる努力の結果、日用品から自動車まで、すでに完成の域にあるという考えが染み付いていた。ものづくりの目標が定まっている以上、あとはコストダウン、すなわち人件費の固定化と人減らししかない。

　代表的な企業がロールス・ロイスだろうか。

　同社の超高級車は故障しないことが売りであった。同時にアフターサービスも万全であることを強調し、「ロールス・ロイスは故障しません。しかし、万が一故障した際には、砂漠の果てであろうと、弊社のサービスが出張いたします」というような伝説が流布《るふ》していた。そんな伝説が超高価格を維持する後押しになっていたことも、また歴史だったといえよう。

　歴史は幻想となり、人は安全な高級車に価値を見いださなくなった。いや、世代が交代したのだ。希少な高級車というブランドは、多くの若者には無用の存在となった。やがて、忘れられたロールス・ロイスは経営破綻《はたん》した。

　イギリス製航空機エンジンのほとんどを、ロールス・ロイスが生産していたため、ロールス・ロイスは国有化された。

　帰国したサッチャーの行動は速かった。欧州各国と緊密な連絡を取り合い、ほどなくＩＳＯ（イソ）の欧州域内における改良および実施強化に踏み切った。

ＩＳＯとはInternational Organization for Standardizationの略で、国際標準化機構のこと。本部はスイスにある。改良版ＩＳＯは欧州全域における新たな工業規格と考えてよい。取得していないメーカーは、欧州で家電製品などを売ることはできないという、きわめて一方的なルールだった。

欧州を制覇していた日本家電メーカーや自動車メーカーは驚いた。輸出した商品は各国の税関で足止めされる、という事態となった。

マーガレット・サッチャーは、欧州存続のために「新たなるしくみ」を提案したのだ。現ＥＵ加盟国のほとんどが、この提案に飛びついた。

急いでＩＳＯを取得しなければ、ビジネスがすべてパーになる。あわてた日本大手メーカーは右往左往した。どこへ行けばＩＳＯを取得できるのか……。日本の代理店となったのは、皮肉にもＪＩＳ（日本工業規格）を扱う日本工業標準調査会であった。

日本と日本人は、敗戦と同時に地上に何も残っていない国となった。そこからのスタートで、おもに戦勝国アメリカの世話になった。工業製品の品質を向上させるためにＪＩＳというルールをつくったのだ。

いずれ世界に広めたい、と考えていたが、かわりに、わが国に蔓延《まんえん》し始めたのはＩＳＯだった。スーパーやデパートなど販売業をはじめ、パチンコ機メーカー、パチンコ店までもがＩＳＯ取得とうたい始めた。

マーガレット・サッチャーの仕掛けたわなにはまってしまった。欧米のしくみに、またも取りこまれてしまったのだ。

純国産戦闘機「零戦」

戦前戦中、日本は飛行機をつくっていた。若い世代には知らない人も増えているそうだが、本当の話だ。もちろん純国産である。

純国産である証拠がある。当時日本は、国策ゆえに世界から孤立し、したがって海外からの技術情報が入らなくなっていた。航空エンジニアの交流もなくなった。技術情報鎖国の中、日本の航空産業は、入手可能な材料と途絶したノウハウだけで飛行機をつくっていたのだ。技術レベルの遅れは、一〇年以上とされていた。

そんな状況下、旧日本陸海軍は軍用機を発注し、航空機メーカーである三菱重工、中島飛行機などは、戦闘可能な機体を設計し、組み立てていたのだ。

代表的な機体は三菱重工が製造した零式艦上戦闘機だろう。戦後になって、通称「零戦」と呼ばれるようになった機体だ。読みは「ぜろせん」または「れいせん」という。

不思議なことに、先の大戦中、日本国内のマスコミはそうは呼んでいなかった。ただ新型戦闘機と

旧日本海軍の純国産戦闘機、零戦

呼んでいたそうだ。戦後、関係者の口からは一二試艦上戦闘機という呼称も出てきた。

マスコミはなぜ隠したのか？　最近の解釈では、戦前の日本外交力および外交姿勢により、強力な戦力を「保有していることを内外に知らしめることが抑止力になりうる」という発想が、まったく逆方向に働いていていたらしい。逆に、秘密にしておくことで「敵国の意表を突く」効果を狙っていたのかもしれない。

では、日本国民は零戦の存在と名前をいつ知ったのか？　戦後日本にやって来た進駐軍の兵士たちの口から出た「ゼロファイター」という言葉がきっかけだ、とする説がある。そのまんま直訳だ。敵国から教えられた情報を鵜呑《うの》みにしてしまう体質が、ここに見え隠れしている。

オスプレイを「重大事故を起こした危険な軍用機」と断定し、非難する構造はこんなエピソードから始まっていた。外国から入った情報を、わが考えとするエピソードだ。オスプレイ反対を声高に叫んでいる沖縄行政関係者や万年野党の皆さんは、オスプレイの事故現場に立ち会ったのか？　そうではないだろう。

ついでにいうと、戦艦大和《やまと》、武蔵《むさし》も極秘扱いで、日本国民には存在を知らせていなかった。もちろん、アメリカは知っていた。もっとも、大和は海軍呉《くれ》造船所でつくられ、武蔵は三菱重工長崎造船所で製造されたため、巨大な囲いで覆《おお》ったものの、なにやらあやしい作業をしていた、と当時の住民の声があったのはたしかだ。緘口令《かんこうれい》がしかれていたとはいえ、多数の作業員がいたわけだから、秘密ではなかったようだ。だから、アメリカも知っていたのだろう。

国内は知らなかった、と書いたが、あの『宇宙戦艦ヤマト』のモデルとして知られる戦艦大和、同型艦武蔵の存在は、日本陸軍の軍人でさえ知らなかったようだ。いや、肩書きの上位者を除き、海軍軍人だってあやしいものだ。なぜそうなったか、戦後七〇年近く経っても議論は続いているが、今もって謎である。

日本製ロケット製造と技術

ちょっと怖い話を書こう。

日本には原子力発電所が五四基あった。そのうち廃止が決定したものが六基、現在は四八基だ。プルトニウム再処理施設まである。

もうひとつ。日本にはH２ロケットがある。アメリカやロシアに遅れること半世紀。でも打ち上げ成功率は高い。

二つを組み合わせると、核弾道ミサイルを製造することも可能だ。この可能性について論じたり、示唆する議論や発言を国内の声として聞いたことがない。知る限り、過去に「日本核武装の可能性」を指摘したのはロバート・マクナマラ（一九六二年、キューバ危機当時のアメリカ国防長官）だけだ。曰《いわ》く、「東アジアの核装備の可能性については、すでに保有ずみの中国を除くと、北朝鮮と日本が考えられる」と。日本人は誰ひとりとして言葉にしなかった。テレビニュースは黙殺した。ロケットと原発があれば「核ミサイルはつくれる」という事実に、日本のマスコミは口をつぐんだのだ。

二〇一三年八月二七日、鹿児島県内之浦《うちのうら》宇宙研究所において、国産小型ロケット「イプシロン」の打ち上げが予定されていた。現地に集まった多くの見物客、中継放送を通じて見守る国民は、まさかの事態を予測していなかったし、疑ってもいなかった。

もちろん、夏休みの終わりを飾る大イベントとして、テレビ局やネットによる中継は打ち上げ成功を保証していたかに見えた。

ところが、打ち上げは一九秒前にキャンセルされた。カウントダウンがゼロを過ぎても、ピクリとも動かないイプシロンおよび発射台を見て、現地に出向いた子どもたちや、パブリックビューイングで固唾《かたず》をのんで見ていた親子連れへのインタビューが流された。ニュース映像は、子どもたちの残念そうな声を編集して流していた。

「えー、なんでー？」という声こそが、子どもたちの正直な感想だろう。

なお、イプシロンは九月になって無事打ち上げに成功した。日本のプライドだった。Ｈ２ロケットならアメリカを狙えるが、イプシロンでは無理だ。しかし、ロケット製造と打ち上げの技術は誇示したのだ。

相反する設計要求原案

零戦に話を戻そう。

現在もなお、零戦の人気は高い。模型（最近はフィギュアともいう）、イラスト、小説や漫画、アニメまで幅広く支持されている。かつて「日本が飛行機をつくっていた証拠でもあり、ロマンでもある」からだ。もっとも、ロマンがひとり歩きしすぎて、歴史という現実を無視したファンタジーになってしまっている傾向は否めない。

先の大戦の緒戦において、零戦は各国の同レベルの戦闘機（単発、単座）に対して、大きなアドバンテージがあった、とされている。多くの研究書や当時の証言者の声をまとめると、零戦は空中戦において軽快な動きで、高い戦闘力を発揮した、という長所があったようだ。

開発に関連した資料によると、当時日本海軍航空本部で二つの意見が対立していたようだ。新型艦上戦闘機に要求されるスペックが、相反するものだったのだ。

ひとつは、航続距離を最優先とする意見。もうひとつは、空戦性能を重視する意見だ。

一九三七（昭和一二）年五月一九日、日本帝国海軍は第一二試艦上戦闘機（空母からの離着艦が可能）の設計要求原案をまとめた。原案はすぐに三菱重工と中島飛行機に伝えられた。

帝国海軍の要求原案は次のように始まっていた。

「迎撃戦闘機として、攻撃してくる敵の爆撃機を撃滅しうるもの。そして護衛戦闘機として、敵の迎撃機よりも優秀な空戦性能を備えるもの」

この二つは、当時にあっても、現代にあっても、並立不可能なスペックだろう。

迎撃戦闘機には、敵爆撃機よりもすぐれたスピードと、頑丈で大きな機体を破壊可能な攻撃力が不可欠だ。

一方、護衛戦闘機とは、文字通り味方爆撃機や攻撃機を護る役目を担う。攻撃してくる敵戦闘機と戦い、これを殲滅《せんめつ》することが任務の機体だ。軽いフットワークが不可欠な戦闘機であることが要求される。さらに爆撃機とともに飛行するべく、長距離移動が可能なうえ、敵地での空中戦もこなす性能も必要なのだ。もちろん、艦上戦闘機であるから、空母での運用が大前提となる。

二つの異なる性能を、日本帝国海軍は要求した。当時の海軍軍人たちは、相当なロマンチストだったのだ。中島飛行機はこのプランから降りた。

かくして、第一二試艦上戦闘機（以下、零戦と記す）の設計および製造は三菱重工が請け負うことになり、同社名古屋航空機製作所において、開発が始まった。三菱は、画期的な性能を要求された零戦の設計を、東京帝国大学（当時）航空工学科卒の男にまかせた。

男の名は堀越二郎《ほりこしじろう》。二〇一三年に公開された、スタジオジブリ作品『風立ちぬ』の主人公として描かれた人物だ。

当時、東大航空工学の卒業生は、毎年六～八人程度だった。飛行機製造会社は数多くあり、いずれも引く手あまただったため、即戦力だったという。堀越も入社後すぐに革新的な戦闘機の設計に着手している。

一九三三年、日本は満州国問題を非難され、国際連盟を脱退した。ヒステリックにも見える日本首席全権大使、松岡洋祐《まつおかようすけ》の連盟脱退演説は、いまも映像として残っている。

のちにドイツ・イタリアも脱退。ついでにいうと、フィンランドとの戦争を問題視されたソ連も除名された。結局、国際連盟は消滅した。

一九四〇年、日本は日独伊三国同盟を締結した。こうした背景があり、飛行機発祥の地であるアメリカとの関係は、うまくいっていなかった。軍部が独走する以前は、日米関係は良好だったが、満州国を建てることで、利権が相反するようになったのだ。日本の航空技術は、これらの騒動のせいで「一〇年遅れた」という評価もある。

この時期、技術者である堀越たちの留学あるいは出張先は、ドイツ・イタリアに限られていた。

ドイツには名機と名高いメッサーシュミットＢｆ－１０９があったが、この機体は迎撃戦闘機として設計されたため、航続距離は堀越が目指すレベルにはほど遠かった。もっとも、堀越がＢｆ－１０９を参考にしたかどうかは不明である。

順調とはいえないまでも、苦心の結果、零戦の設計は進んでいた。そんなとき、青天の霹靂《へきれき》ともいうべき事態が起こった。海軍航空本部の源田実《げんだみのる》少佐と、海軍航空技術廠《ぎじゅつしょう》（空技廠）の柴田武雄《しばたたけお》少佐が、零戦の要求原案を蒸し返したのだ。

源田少佐は「トモエ（巴）戦法」をよしとする空戦論者で「自らの考えをあらためる気はない」と、戦闘機＝格闘戦と決めつける強硬派だった。

トモエ戦法とは、背後に敵機がせまったとき、前方に向かって上昇し、背面飛行状態から敵機の後方に回りこんで攻撃するという、いわば空中大回転アクロバチック戦法だった。飛行機はスピードが速いため、ただでさえ困難な宙返りは、大空に大きな円を描く結果となる。源田少佐は、この円を小さくするべく、機体重量を減らし、フラップや補助翼の利きをよくして対処すべし、と言っていたのだ。もちろんパイロットにかかる重力（Ｇ）も大きなものとなる。

トモエを実行するためには、軽量かつ軽快な機体と特出したパイロットの技量が必要なことはいうまでもない。源田は「軽快性を得るためには、速度や航続距離が犠牲になってもやむをえない」と言った。

柴田少佐は「日本製戦闘機の格闘戦力（空戦能力）はよし」としたうえで、「われわれ（日本帝国海軍）にとって必要なのは、長い航続距離と速い速度を持った単座戦闘機である」と、源田に真っ向から反対した。

護衛戦闘機ということは、魚雷や爆弾を積んだ攻撃機のエスコートが任務となる。長い航続距離が必要であることはいうまでもない。同時に、攻撃機より先に敵エリアに入って、制空権を得ることも任務となる。高速であることも、また必然だろう。

これまた無謀な要求である。単座戦闘機（ひとり乗り）である零戦は単発のプロペラ機だ。当時、日本には大馬力のエンジンはなかった。

先に結論を書くと、零戦のために用意されたエンジンは、中島［栄］一二型九五〇馬力であった。のちに、二一型一一三〇馬力となるが、これは当時欧米のエンジンと比べても遜色《そんしょく》はなかった。同時に長大な航続距離を稼ぐためには、機内の燃料タンクでは足りず、翼や胴体の下に増加タンクをぶら下げて、離艦または離陸することになった。

合理的に考えると、長距離飛行と高速飛行を実現するためには、大馬力エンジンと十分な燃料タンクが必要となる。必然、機体は大きなものとなる。

機体が大きくなると、当然のことながら小回りが利かなくなり、空戦性能はのぞむべくもない。大矛盾である。

だが、柴田も持論を譲ることはなかった。二人の議論は決着せず、矛盾する要求はそのまま三菱重工に伝えられた。設計も、正反対の性能を要求されたのだ。

まるで意地の張り合い、子どもの喧嘩《けんか》である。しかも同じ海軍部内の、それも軍用機開発セクションの権威者同士で、折り合いをつけられなかったのだ。

余談になるが、源田実と柴田武雄は、戦後になっても仲が悪かったそうだ。互いに「あいつのせいで」のごとき発言を繰り返していた、という。さらに、戦後参議院議員となった源田実は、今日から見て意味不明な行動をとっている。源田実は、日本人にとって怨敵《おんてき》ともいうべきカーチス・ルメイに、勲一等旭日《きょくじつ》大綬章を申請したのだ。

ルメイとは、戦争末期、アメリカ陸軍航空隊の対日爆撃を指揮した司令官だ。それまで行われていた、日本本土の軍事施設をターゲットとした昼間爆撃では「手ぬるい」として、新兵器であるナパーム弾（油脂焼夷弾）による、夜間無差別爆撃を実行した。東京大空襲など、全国の大都市名が頭に付く「大空襲」を敢行したのだ。

おびただしい数の民間人が死んだ。ルメイは広島、長崎への原爆投下をも指揮し、アメリカにとって、対日戦争を終結させた英雄となった人物である。

防御という性能を捨てる

堀越二郎ら三菱のエンジニアたちは、さぞや悩んだことだろう。

長距離飛行と高速性能、加えて空戦性能を同時に満たすには、いったいどうすればいいのか？　現実に戦争は継続しており、新たな兵器が必要なことはわかる。

だからといって、戦闘機のアイデンティティを放棄するわけにはいかない。戦闘機のアイデンティティ、つまり存在意義とは何だろうか。敵機を撃墜し、なおかつ自機は無事生還する、ということだろう。

攻撃と防御を考えないわけにはいかない。しかし、である。高速、長距離飛行、旋回性能という三つの相容れない要素を、すべて詰めこむ無理難題に対する回答はひとつしかない。

「防御という考え方を捨てる」こと。

結果、零戦はほとんどの防備を捨てることによって、わずかな銃撃を受けても墜落する危険性の高い戦闘機となった。しかし、戦前の熟練パイロットたちは、「操縦技術でおぎなってみせる」と意気ごみを見せた、という。

堀越らの創意工夫で、零戦の胴体および翼のジュラルミン（超超ジュラルミンと称していた）構造材に穴を穿《うが》つなどして、機体軽量化を成しとげた。

もちろん、零戦の試験飛行段階で、何機かの試作機が墜落事故を起こしている。テストパイロットは死亡した。試作の段階での事故はつきもので、悲劇を経て飛行機は完成する。

いまだ騒いでいる「オスプレイの事故へのこだわり」は、かつて日本が自前で飛行機をつくっていた時代を冒瀆《ぼうとく》する、といったらいいすぎだろうか。

とにもかくにも、零戦は当時にあって、他国と比較してもすぐれた戦闘性能の機体として完成した。南方戦線においては、零戦はアメリカ海軍海兵隊のF２Aバッファローなどと比べて、スピードにおいても、軽快さにおいても大きく勝っていた。敵ではなかったのだ。

この戦果に気をよくした帝国海軍は、ついにハワイ作戦を立案し、パールハーバーへのサプライズアタックを決断した。

零戦の性能がよかったせいで、日本はアメリカとの戦争に踏み切ったのだが、零戦を超える機体を量産することはかなわなかった。鎖国に近い環境の中で、ガラパゴス的に進化し続けた改良型零戦で日本は戦い抜くことになる。ついに刀折れ矢尽きた零戦は、最後は特攻機として運用され、日本航空史の幕は閉じた。

戦争末期の零戦

戦争も後期になると、物資は大幅に不足していた。部品精度は下がり、エンジンの稼働時間も「わずか三〇分で分解した」という悲惨な状態だった。ちなみに、この話はかつて陸軍技術将校として零戦のエンジン製造にあたっていた亡父から聞いた。

「ベンチに乗せて、わずか三〇分」と、父は言っていた。ベンチとはベンチマーク・テストの略で、エンジン稼働実験のことである。「そんなエンジンを前線には送れない。最低でも二時間回らないと」とも。実戦部隊の指揮官と衝突もしたそうだ。

こんな話も聞いた。

「ラバウルからの要請で、立川から二〇機の零戦を送り出した。途中鹿児島で給油するのだが、そこで五機が動かなくなった。次の補給は台湾だったが、そこでも五機。マニラでも五機。けっきょくラバウルに着いたのは五機だった、と報告を受けた。そこで敵機襲来となっても、上がったのは二機か三機だったそうだ」と。

同じエピソードを、作家の半藤一利《はんどうかずとし》氏が書いておられる。「日本から飛びたった零戦が、ラバウルに着いたのは、四分の一か五分の一ほどだった」と。

熟練工たちが、再度徴兵され前線に駆り出されると、国内に残ったのは女、子ども、年寄りだけとなる。兵器製造工場や軍服の縫製工場など（ひとまとめに軍需工場といった）が彼らの職場だった。主力は旧制中学校の生徒と旧制女学校の生徒であった。素人《しろうと》同然の彼らの仕事は、おもに部品検査や仕上げのチェックなどだった。

前出の半藤氏は当時中学生（旧制）で、検査任務にあたっていたそうだ。おもに零戦の翼に搭載されていた二〇ミリ機関砲の弾丸のチェックだったそうで、「縦のひびはいいのだが、横のひびはダメだ」と言われたそうだ。そこをチェックしろ、ということだ。

「世界の技術レベルから一〇年遅れていた」とされる零戦は、スイスのエリコン社製二〇ミリ機関砲（ライセンス生産）を搭載していた。単座戦闘機としてはオーバーパワーであったが、代わる武器がなかったのだ。

さすがの零戦も、大戦末期にはさまざまな不具合が生じていた。

零戦の二〇ミリ機関砲は威力はあるが、いかんせん弾丸が大きいため、戦争末期には不良品も多かったようだ。弾丸にひびが入っていると、砲身の中で爆発を起こし、零戦の主翼に大穴が開いて墜落してしまうのだ。

零戦の武装は、エンジンナセル（エンジンとエンジンの補機類全体）に搭載された七・七ミリ機銃二丁と両主翼に搭載された二門の二〇ミリ機関砲があった。エリコン社製の二〇ミリ機関砲は、威力はあったがすでに時代遅れで、アメリカ軍戦闘機の武器は五〇口径、すなわち一二・七ミリ機関銃が主力となっていた。五〇口径機関銃ブローニングM2はいまも現役で、陸上自衛隊の戦車砲塔などに搭載されている。

「学徒動員」とは、熟練工が行っていた航空機の部品づくりの一端を担ったことを指す。若者や働き盛りの男性を戦場に送ったことで、日本国内では深刻な労働力不足となった。そこで、多くの生徒が集まる学校に目をつけた軍部は、国家総動員法の名のもとに、国内に残った少年少女たちを労働力にしたのだ。

彼らが働いていた軍需工場が、Ｂ－29のターゲットとなった。多くの民間人が亡くなった。陸軍技術将校だった父が勤務していた工場も爆撃を受け、多くの女子生徒が亡くなったそうだ。

「身体がバラバラになって、工場の天井にまで張りついたり、ぶら下がっていた。生き残った者たちで、それを拾い集めた。モンペと着物の柄を合わせてな。中には下半身だけという、悲惨な仏さんもあった。親たちが大八車で遺体を引き取りに来て、『ありがとうございました』と頭を下げて帰っていった。わしらは何も言えなかった」と語ってくれた。父は当時、二一歳だった。

零戦で始まり零戦で終わった

混同しがちだが、戦争末期には「学徒出陣」という言葉もあった。

おもに男子学生や生徒を、もちろん操縦経験もない若者たちを、零戦はじめ、ありあわせの軍用機に乗せて、太平洋上に迫りくるアメリカ海軍機動部隊へ「特攻」を命じたことを指す。

すでに述べたように、開戦時は、アメリカなどの戦闘機に対して優位であった零戦だが、後期になると性能面では大きく劣っていた。互角に空中戦が戦えない機体になっていた。

ならば、ということで、本来爆弾などを十分搭載できない機体に爆弾を積んで「アメリカの軍艦に、体当たりをしてこい」という命令がくだったわけだ。これが特攻である。正式には神風特別攻撃隊といったそうだ。

ところで、戦前には全国の旧制中学校（五年制）六五〇校に、それぞれグライダー部があったようで、いちおうは空を飛ぶ練習はしていたようだ。しかし、発動機付き飛行機の操縦はしていなかった。ちなみに、当時の文部省がグライダー部活を奨励していたのは、一九四〇年、幻《まぼろし》に終わった東京オリンピックの正式種目になる予定だったからだとか。

飛行経験はあるものの、操縦経験のない若者を、防御を無視してまで選択した格闘戦に強い零戦に乗せる。そして、積むだけで動きが鈍くなる爆弾を搭載して、「三〇分で爆発してしまうエンジン」のまま、どこにいるわからない米機動部隊目指して飛び立たせたのだ。

戦果がどうであったかなど、まったく検証されていない。記録すら残っていない。ただ、飛び立っていった若者たちは、ほぼすべてが亡くなったと想像できる。その数がいったい何人であったのか、数字すら残っていない。

二〇一三年になって、送り出した大学に名簿が残っていないかと、ようやく本格的な調査が始まったと報道されている。半《なか》ば強制されて特攻隊に配属され、また補給もなく、帰りの便もない戦場へと駆り出された学徒たちは、「五万人とも一〇万人ともされる」と報道は伝える。

若者たちを徴兵、徴用した陸軍省および海軍省は、とうの昔に解体され、残務は厚生省へ、さらに現厚生労働省へと引き継がれたそうだ。数字はおろか、多数の若者を死に追いやった証拠すら残っていない。陸軍省および海軍省が、敗戦のどさくさに焼却した可能性がある。残せば、責任を追及されることは必至であったろう。

かろうじて生き延びた、彼らの友人や同期の学生たちの証言が、また命令のまま飛び立って行った若者たちが残した手紙の数々が、特攻ほか無理無茶な命令が事実であったことを物語っている。

この事実には、もうひとつ別の視点がある。

理不尽な命令によって散った若者の命。彼らがもし存命であったなら、戦後日本の歴史はもちろん、日本航空界もまったく違ったものになっていただろうということだ。

よくも悪くも、零戦で始まり、零戦で終わったのだ。かつて存在した日本帝国も、そして知恵と勇気で挑んだ日本航空界も。

アメリカの生産力

先の戦争を通じて、零戦の総生産機数は一万機あまりであった。

対零戦の切り札として開発された、アメリカ海軍のグラマンＦ６Ｆヘルキャットは四万機以上を生産。洋上での戦闘、南太平洋の島々での攻防で威力を示した。

ヘルキャットはとにかく頑丈な機体で、防弾防御にすぐれていた。武装もブローニング五〇口径機関銃を左右の翼に三門ずつ、合計六門という強力なものだった。零戦は敵ではなかった。

同様に、アメリカ陸軍も五万機以上のP－51ムスタングを生産した。

振り返ってみると、ムスタングは明らかに次世代戦闘機だった。空気抵抗を軽減する効果があるスマートな液冷エンジンに、パイロットの視界がいいバブル型キャノピーを採用した、高速戦闘機だった。バブル型キャノピーは現代では常識となっている、ガラス枠のない仕様になっていた。戦争という時間が、ガラス加工の大きな進化をうながした例だろう。武装もヘルキャットと同じ。とにかく、ムスタングにとってもまた零戦は敵ではなかった。

対日爆撃にのみ運用され、ナパーム弾で日本を焦土と化し、広島、長崎に原爆を投下したB－29スーパーフォートレスもまた、じつに四〇〇〇機近く生産された。

こちらも現代の視点で見れば、当時にあってオーバーテクノロジーともいうべき技術が投入された機体だった。ターボ式過給エンジン（現代では、ただ「ターボ」で知られる）、すなわちスーパーチャージャー付きエンジンと、与圧式完全密閉型の機体は、空気の薄い高度一万メートルの飛行を可能とした。

対日兵器として開発された一〇万機近いムスタングやヘルキャットは、すべてが稼働したわけではないだろうが、それでも日本をはるかに上回るパイロットたちがいたことも確かなことだ。日米パイロットたちの恐怖の質と量に差はなかったはずだ。若者を死地に追いやったのは、日米ともに同様であったということになる。

日本本土を蹂躙《じゅうりん》したのは、アメリカ陸軍のムスタング、海軍のヘルキャット、Ｂ－29であった。いくら撃墜されようと、数だけはたっぷりある。物量と高品質の攻撃だった。

とりわけＢ－29は、日本が最終防衛線と定めていた太平洋の孤島テニアン、グアム、サイパン陥落後、そこをベースとして日本に飛来した。かつての日本軍飛行場から飛び立ったのだ。

戦後に検証されたデータを見ると、最終防衛線撤退にあたり、日本軍は飛行場を爆薬で徹底的に破壊したそうだ。飛行場は大穴があいて、日本陸軍上層部は、半年は使用不可能と判断したようだ。しかし、米軍にはブルドーザーがあった。わずかな期間に飛行場は修復され、米軍は日本本土に王手をかけた。

日本敗戦の原因のひとつがここにある。いったい日本軍部はブルドーザーを知っていたのだろうか。もし知っていたとして、つくろうとしたのだろうか。

なぜ、こんなことに目を向けるかというと、当時の日本には、キャタピラを履《は》いて、鋼鉄の車体をつくるなら、それに砲を取り付けて「戦車にしてしまおう」という、たいへん子どもじみた発想があったからだ。そんな子どもじみた発想についてはあとでも述べるが、負けても負けても、とりあえず「できることはやった」という自己満足があった。今も根深く残る「敗戦の弁」、開き直りの言い訳は、日本軍部の楽天的発想以来の伝統といってもいい。

余計なことだが、福島第一原発爆発事故に対する楽観的視点も、もはや日本の伝統、お家芸といっても過言ではないだろう。いや、呪《のろ》いとした方が正しいか？

開戦当初に軍部首脳たちが定めていた最終防衛戦である島々を突破されたのだ。あとは、いかに降伏するかの手段を探るべきだったろう。しかし、ここでも子どもじみた面子《メンツ》なのか、「勝つまでやめない」という無理無茶な流れとともに先送りされてしまった。

私が子どものころ、亡き祖母からこんな話を聞いた。

「ラジオで毎日毎日、アメリカの軍艦を沈めたというニュースばかり流れていたのよ。そんなに沈めたら、もう戦争は終わるんじゃないか、と思うのは当然よね。ちょっとおかしいとも思ったわね」と。

祖母はラジオで流れるニュース、いわゆる大本営発表を克明に記録していたようだ。累計するとアメリカ海軍の艦船は、数百隻《せき》も沈んでいたことになった、という。「バカらしくなってやめたけどね」と、笑っていたことが記憶に残っている。

なお、現在使われる「大本営発表」という言葉は、「上げてもいない成果を過大に吹聴する」意味に使われている。事故が頻発している、JR北海道の安全管理に関する報告が、それに近いだろう。要はうそということなのだが、日本語特有の言い回しだ。

米ソ、ジェット戦闘機争い

そういった付帯する出来事も含めて、世界戦史上類を見ない大勝利を上げたアメリカの軍需産業は、日本敗戦のあとも開発、製造の流れを止めることはなく、ソ連との間ですさまじい軍拡競争に突入していった。

冷戦当時、アメリカはソ連を過大評価していた。過大評価することで、軍事技術を、ひいては軍事力の増大を図ろうとした。すべては仕事と賃金、すなわち政府からの防衛予算を引き出すための方便だった、という見方もある。

いずれにせよ、日本が早期に降伏していれば、あるいはこういった軍拡競争はなかったかもしれない。アメリカにしても、対日戦だけのために一〇万機も戦闘機をつくる必要がなかったかもしれない。しぶとく粘る、いや敗戦という事実を受け止められず、あるいは手続きを先延ばしにしてきた日本の気質が、のちの冷戦の引き金になったという見方も可能だ。ならば、アメリカは、勝利とともに、日本に大きな貸しをつくったと考えていることだろう。日本という国、日本人たちは、生涯にわたってその借りを返す義務がある。おそらくアメリカはそう考えているだろう。お互い何代にもわたって貸借関係は続く、と。

一方、日本軍の武力によって蹂躙された中国や韓国、北朝鮮、また東南アジア諸国は、日本の再軍備をおそれている。

第二次世界大戦によって、とりわけ日本の抵抗によって成長した、アメリカ合衆国軍産複合体は、その流れを止めることはできなかった。完全勝利の過信と、「もし仕返しをされたら」という被害妄想が膨らんでいったのだ。

日本の敗戦からわずか五年後、ダグラス・マッカーサー元帥率いる駐日米軍は、朝鮮戦争に突入する。平和はほんのひとときだった。

日中戦争の間、中国にいたとされる金日成《キムイルソン》をリーダーとする共産軍が朝鮮半島に攻め入り、これを中華人民共和国やソ連（現ロシア共和国）が後押しするという構図だった。

戦後の混乱の最中にあった朝鮮半島は、一夜にして戦場と化し、多くの人々が南へ南へと逃げた。この事態を受けて、マッカーサー駐日米軍が、朝鮮半島に介入したのだ。これが朝鮮戦争である。

朝鮮戦争は、結局勝敗がつかず、現在も休戦したままだ。同胞同士の殺し合いと、結果として南北に引き裂かれた家族の悲劇は、いまも語り継がれている。

飛行機のみに目を向ければ、朝鮮戦争は、史上初のジェット戦闘機同士の空中戦があったことが注目される。

ソ連のＭｉＧ－15対アメリカのＦ－80シューティングスターおよびＦ－86セイバーが戦った。両国はその後冷戦に突入するわけだが、プロペラ機の時代から、一気にジェットエンジンによる機体の時代に入ったことは、航空史という観点から見ても画期的な事件であった。

米ソのジェット戦闘機については、事実と推測が入り交じったエピソードがあった。

戦後、敗戦国ドイツから、多くの航空エンジニアたちが、捕虜として戦勝国であるアメリカやソ連などへ連行された。イギリスやフランスはもちろん、中には遠くアルゼンチンやインドへ行ったドイツ人エンジニアもいた。

フォッケウルフ社の元役員だったクルト・タンクもそのひとりで、彼が設計に携わったとされるドイツ大戦末期の試作ジェット戦闘機Ｔａ１８３ヒュッケバインが、ＭｉＧ－15にそっくりだったことから、ソ連軍が持ち出した図面と、ドイツ人エンジニアの存在が推測されたわけだ。いうなれば、ドイツ最後のできあいの機体だった、ということになる。ちなみに、クルト・タンクはソ連に連行されずに逃げ切った。そしてアルゼンチンに渡り、最後はインド初のジェット戦闘機ＨＦ－24マルートを完成させたことで知られる。

いっぽうアメリカは、陸軍航空隊から昇格したアメリカ空軍による入念な計画のもと、次世代機の開発にあたって、ドイツから来たエンジニア、フォン・ブラウンやアレキサンダー・リピッシュらのアドバイスを得た。

とりわけフォン・ブラウンは、のちにアポロ計画に参加し、サターンＶ型ロケットを開発した。サターンＶ型ロケットの塗装は、大戦中イギリスを苦しめた元祖弾道ミサイルであるＶ－２の塗装と同じで、ブラウン塗装と呼んだ。なお、ブラウンは、最後はＮＡＳＡの副長官に就任した。

ひとつ気になることがある。米ソを中心とする、旧連合国（現在の国連）は、競ってドイツの航空エンジニアたちを奪いあった。戦後の軍事技術の進化、とりわけプロペラ機からジェット機への発達には、彼らドイツ人エンジニアが重要な役割を果たしている。

かつては日本も独自の技術で航空機を製造していたし、先の大戦を自前の機体で戦ったことは事実である。にもかかわらず、日本の航空エンジニアたちは、誰ひとりとしてアメリカやソ連には渡っていない。

単に言語取得能力の問題だったのか、あるいは白人たちにアジア人蔑視《べっし》の風潮があったのか、または日本の航空技術に見るべきところがなかったのか、いまもって謎である。

夢破れた日本の航空エンジニアたちのその後は、あとで紹介しよう。

オスプレイへの伏線

朝鮮戦争勃発からおよそ一〇年後、すべてジェット機に転換した新生アメリカ空軍は、ベトナム戦争を引き起こす。

ここでもアメリカ対ソ連の構図は変わらず、互いの最新鋭ジェット戦闘機で戦った。ソ連のＭｉｇ－21やアメリカのＦ－４ファントムなどが投入され、空中戦を演じた。

かつて戦った日本と比べて、「ベトナム（当時は北ベトナム）の軍事力は劣る」と考えたのか、どうやらアメリカ軍部は舐《な》めてかかっていたようだ。最後には、対日攻撃の切り札だったＢ－29の後継機、Ｂ－52を投入した。

ベトナム戦争に投入されたヘリ、UH-1イロコイ

Ｂ－52は八発エンジンの大型ジェット爆撃機で、湾岸戦争やイラク戦争でも運用された。

第2章でも紹介したが、スタンリー・キューブリック監督による映画『博士の異常な愛情』に登場した機体である。映画公開後、アメリカ空軍は、Ｂ－52で北ベトナムを絨毯《じゅうたん》爆撃し始めたのだ。対日戦ではこの手法が成功した。大成功だった。アメリカにとっては「勝利の方程式」のはずだった。

だが、予想に反しベトナム戦争は泥沼化した。日本が敗戦までに要した時間、およそ三年半の倍にあたる七年も戦ったのだ。あげくの果てに両者は休戦した。国力や軍事力を天秤《てんびん》にかけると、あきらかにベトナムの勝利であり、アメリカは負け戦《いくさ》をした。

戦争が長引いたおかげというべきか、熱帯雨林での戦闘によってアメリカ陸軍の地上戦が変わった。車両移動がむずかしい状況だったのだ。いちめんジャングルの熱帯雨林では、ジープはおろか、装甲車、戦車もほとんど役に立たなかった。ぬかるみや河川にさえぎられて、地上走行は不可能だった。そして、ジャングルを自在に駆けまわるベトコンや北ベトナム正規軍の前に、アメリカ陸軍はいたずらに死者を増やすばかりだった。

革新的な移動手段として、ヘリコプターが投入された。今も改良型が現役を続けるＵＨ－１イロコイヘリは、兵士の前線への移動や、負傷兵の後送などに威力を発揮した。

フランシス・Ｆ・コッポラ監督の怪作『地獄の黙示録』において、ロバート・デュバル扮《ふん》する指揮官が、「朝のナパームの香りは格別だ」と言いつつ、編隊で飛ぶＵＨ－１に搭載した大スピーカーで、ワーグナーの『ワルキューレの騎行』を鳴らしながら、ベトナムの村を機銃掃射するシーンはあまりにも有名だ。

泥沼化したベトナム戦争に負けてしまったアメリカの、せめてもの鬱憤《うっぷん》晴らしなのだろうか。現在でも、隊内でこの映画が上映されることが多いそうだ。若い兵士たちの多くは、このシーンになると、快哉《かいさい》を叫ぶという。

かくて、ベトナム戦争以来、アメリカ陸軍にとって、ヘリコプターはなくてはならない存在となった。そう、オスプレイへの伏線だ。

国産偵察機の誕生

国産飛行機に話を戻そう。

何でもかんでも秘密にしていた旧日本軍だが、優秀であったと思われる飛行機もあった。新司偵《しんしてい》と呼ばれる偵察機だ。別の名は百式司令部偵察機、略して百式司偵とも呼ばれていた。呼称があいまいなのは、誰もが検証可能な記録がないからと、当時の軍および開発関係者と戦後の研究者などの間の把握レベルが異なっていたからだ。記録ではなく、記憶が幅を利かせていたのだろう。写真や図面の一部が残っていたのか、戦後プラモデルとして、百式司偵はよみがえった。

百式司偵の試作機が完成したのは、零戦と同じ一九四〇年、つまり昭和一五年、当時は皇紀二六〇〇年という呼称だった。二六〇〇のゼロをひとつ、あるいは二つ分を頭に付けることで零戦であり、百式司偵となったのだろう。

余談になるが、富野喜幸《とみのよしゆき》（現由悠季）総監督によるアニメ『機動戦士Zガンダム』に、百式というMS（モビルスーツ＝人間が操縦する人型兵器、ロボット）が登場する。カタカナ名ばかりのMSの中にあって、いかにも唐突なネーミングは、あきらかに百式司偵を想像させる。

この三年前、一九三七（昭和一二）年の元日の朝日新聞には、「亜欧連絡大飛行」という見出しが躍った。イギリス国王ジョージ六世の戴冠《たいかん》式を祝うため、遠くロンドンまで飛行しようというのだ。

第八三回アカデミー賞に輝く『英国王のスピーチ』で知られる、あのジョージ六世だ。現エリザベス女王の父君でもある。ちなみに『英国王のスピーチ』は、作品賞、監督賞（トム・フーパー）、脚本賞（デヴィッド・サイドラー）、主演男優賞（コリン・ファース）の主要四部門を受賞した。

第2章にも記した通り、機名は公募となり、冒険飛行に挑戦する飛行機の名は「神風」と決定した。四月六日、神風号は飛び立った。途中、ハノイ、バグダッド、アテネなどで給油しつつ、四月一〇日に無事ロンドンに到着した。ロンドンまでの飛行距離一万五三五七キロ、飛行時間五一時間一九分二三秒。休憩補給時間も入れると九四時間一七分五六秒で、当初の目標であった一〇〇時間を切った。神風号は、都市連絡飛行の世界記録を樹立した。

じつはこの神風号こそが、百式司偵の前哨《ぜんしょう》機、のちの九七式司令部偵察機なのである。国民の熱狂ぶりに押されたのか、日本陸軍は翌五月に「キ一五」と呼ばれていた試作機を正式採用した。陸軍の開発スタッフと三菱重工、さらに朝日新聞もまじえての、ちょっとしたサクセスストーリーだった。

この九七式司偵はおもに中国大陸や南方戦線に投入され、それなりの結果を出した。しかし、現場からは「使い勝手が悪い」とか、「航続距離に難がある」とか、「滑走距離が長い」などの不満が出た。なにしろ、はじめての専用偵察機だったから、「運用してみてわかったことがある」ということだろう。

九七式司令部偵察機は通過点にすぎなかった。なによりも、日本陸軍が専用偵察機をつくった、という実績が必要だったのだ。

三年後、さらに高性能の偵察機をつくるプランが浮上した。時速六〇〇キロ以上、航続距離二四〇〇キロ以上という要求で、当時にあって不可能な数字であった。開発に着手したのは、九七式司偵や零戦と同じ三菱重工名古屋航空機製作所だった。

「技術鎖国」が生んだ百式司偵

高速を目指すならエンジンの数は多く、液冷式がいい。

空冷式エンジンの場合、飛行中に受ける空気で冷やすシステムだったため、シリンダーは星型配置にすることで冷却効率を上げていた。つまりエンジン前面の面積が大きくなる。空気抵抗も大きい。いっそ、大型の大馬力エンジンを採用すれば、問題解決にはなるが、悲しいかな当時日本に大馬力エンジンはなかった。

液冷式エンジンは、文字通りエンジンを水で冷やすシステムであった。だから、シリンダーはシンプルな並列配置でよかった。星型配置に比べて、エンジン前面の面積が小さくなる。機首がスマートになるため、同じエンジン馬力であれば、速度にアドバンテージが生じる。

ただし、当時の冷却システムは複雑だった。エンジンを冷やした水は沸点に近くなる。エンジン内のパイプから出た熱湯を翼内にはわせたパイプで冷却したのち、ふたたびエンジンを冷やすという、いわば循環システムであった。

書くと簡単だが、いろいろな問題を抱えていたようだ。エンストを起こしたり、エンジンが爆発したりと、事故が多発したという。

液冷エンジンの飛行機として、一九四三（昭和一八）年に試作された三式戦闘機「飛燕《ひえん》」が知られている。飛燕が戦績を残したのかどうかは明確な記録はない。地上での静止写真はあったが、飛んでいるそれはなかった。搭乗したと称する人たちの発言だけがたよりだった。

日本の液冷式エンジンの開発が立ち遅れたのは、いくつかの原因があった。

ひとつは、ドイツ、イタリアと結んだ「三国同盟による悪の枢軸《すうじく》国」となった日本には、先端の航空技術情報が入手しづらくなったことがあげられる。言語の壁も大きかったようだ。

戦前、日本の航空エンジニアたちは、空気抵抗の大きな空冷エンジンで時速六〇〇キロを達成しようと努力した。無理を通り越して、無茶な挑戦だった。

努力のひとつは、エンジンナセルを極限までスマートにデザインして、空気抵抗を軽減しようとしたことだろう。丸みをおびたそのデザインは、苦労のあとがうかがえる。東大の援助を仰いで設計されたエンジンナセルは、まるで丸太を削ったようなカーブが美しい。零戦の機首が不恰好に見えるほど優雅なカーブであった。

もうひとつは斬新な機体デザインを採用したことだろうか。

百式司偵Ⅲ型（キ四六－Ⅲ）というタイプがあった。同機はノーズが丸く、機首がそのままキャノピー（操縦席）になった、いうなれば「前面ガラスの操縦席」だった。まさに日本機ばなれしたデザ

日本陸軍がつくった専用偵察機、百式司偵

インで、高速に挑戦したのだ。のちの新幹線五〇〇系、七〇〇系などに似たフォルムだった。

百式司偵が高速飛行を達成するためには、高高度を飛行する必要があった。アメリカのB－29はスーパーチャージャー（ターボ）を搭載して、高度一万メートルの飛行を可能とした。一方、百式司偵はターボがないエンジンで、高度一万メートルを飛んだそうだ。

ちなみにB－29は時速六〇〇キロに満たないスピードだった。同機の特徴は、百式司偵と同様に、前面ガラスの丸いノーズを採用していた。情報交換のない戦時中にあって、これはまさに偶然の一致だった。

エンジンは、一九四二年、ようやく完成した三菱ハ一一二Ⅱ金星改エンジン。記録によると一五〇〇馬力を達成した、とある。これが二つで三〇〇〇馬力。十分に大馬力といっていい。機体サイズはコンパクトで、単発機と変わらなかった。小さなサイズで高速に挑んだのだ。

航空エンジニアたちにとって、悪夢のような「技術鎖国」状況にあって、まさに「よくぞここまで」といえる洗練されたデザインと、創意工夫をこらした機体であった。運用面で、悪い話は残っていない。

百式司偵Ⅲ型は、時速六三〇キロという高速を生かして、一九四五年四月、米軍制圧下の沖縄へ強行偵察を敢行した。このとき百式司偵は、完全に非武装であった。

機首前面を覆うガラスは製造が困難だったのか、材料不足だったのか、信頼性が足りなくなったのか、後期Ⅲ型は通常の段差ありキャノピーにデザイン変更されていた。

戦争も末期になると、偵察する必要もなくなったため、多くの百式司偵は防空戦闘機に改造された。B－29迎撃が目的だった。

機首に二〇ミリ機関砲、胴体中ほどに三七ミリ砲を取り付けた機体だったが、それなりに効果はあったようだ。ひとりのパイロットがB－29を一四機撃墜した、という証言もある。もし「撃墜に効果あり」が真実だったとしても、B－29は最終的に四〇〇〇機近く生産されていたので、焼け石に水だったようだ。

くどいようだが、技術鎖国状態にあって、知恵と勇気を結集して完成した百式司偵は、まちがいなく日本の誇る飛行機だった。にもかかわらず、「大空への勇気と知恵」は、日本敗戦以降完全に失われてしまった。

日本航空界の執念、新幹線

敗戦後、日本は空への手がかりと足がかりを、アメリカによってすべて取り上げられた。

一説によると、対米戦争開戦当時のアメリカ大統領フランクリン・ルーズベルトは、ことのほか日本人が嫌いだった、という。ポツダム宣言を待たずに死んだルーズベルトは、「彼らを四つの島に閉じこめて滅ぼしてしまえ」と遺言したそうだ。

あとを引き継いだトルーマンは、多量の爆弾と焼夷弾、二発の原爆を投下して、先代大統領の遺言を執行した。かくて日本は本土決戦を戦わずに敗北した。

さらにルーズベルトは、「日本人には、ぜんまい仕掛け以上の飛行機を持たせるな」とも言ったそうだ。敗戦とともに、数多くの航空エンジニアたちは職を失った。彼らの多くは国鉄（現ＪＲ）に入社した。マッカーサーの命令だったことは疑いがない。

戦前、南満州鉄道（通称満鉄）は、中国大陸に鉄道を敷設した。そして、高速鉄道を計画していた。満鉄あじあ号という名称を聞いた方もいるだろう。蒸気機関車でありながら、空気抵抗を軽減するために、動力車全体をカウルで覆った姿は、いかにもかっこよかった。満鉄のバックには、もちろん日本国鉄道省がついていた。鉄道省には、壮大な計画があった。山口県の下関《しものせき》から韓国の釜山《プサン》まで海底トンネルを掘って、東京発の高速列車を北京まで通す、関釜トンネル計画である。作業量と労働力もさることながら、途方もない計画である。

しかし、トンネルを掘るという技術と、鉄道を敷設するノウハウがあれば、やってやれないことはない。そして、「とにかくやれ」というような気風もあった。

島国日本に陸軍は不要であったため、手近な朝鮮半島や中国東北部（満州）に進出していった。役所であった鉄道省は満鉄という会社をつくって、大陸へ進出した。軍人を志した人以外は、民間企業に就いた。ようやく形になってきた日本企業もまた、意気とやる気にあふれていたようで、軍部に同道する形で大陸や半島に出向いていった。

鉄道省と満鉄のプランは、東京・北京間の鉄道が開通したあと、オリエント急行に接続して、最終的にはヨーロッパまで行こうという壮大なものだったという。

敗戦と同時に、満鉄の夢は消えたが、鉄道省にはもうひとつの大きな夢があった。

国鉄は、敗戦直後、多くの元航空エンジニアを採用した。採用することで、彼らの生活を保障した。多額の人件費を支払うことになるが、敗戦直前まで国民の鍋や釜まで供出させた政府に、金のあろうはずがない。なぜそんなことができたのか。

その謎が、ようやく解けた。マッカーサー率いる連合国進駐軍は、日本国内を移動する必要がある。金がないとはいえ、日本国には鉄道インフラが完備していた。さらに、つい最近まで飛行機をつくる能力と技術を持った日本人を、国鉄という場所に集めて監視するという手段も可能となる。まさに一石二鳥である。つまり、アメリカが金を出したのだ。

かくて多くの元航空エンジニアたちの協力を得て、戦後一九年、ついに新幹線ひかり号（のちに○《ゼロ》系と称された）が完成した。これが鉄道省の夢の実現である。

あの時代、超高速走行を可能にした鉄道車両は、世界のどこにもなかった。素人目にも、あれこそは航空力学の結晶であることが理解できた。翼のない飛行機。それがひかり号を見た印象だった。うがった見方をすれば、新幹線は、飛行機を取り上げられた日本航空界の怨念、あるいは執念の作品だった。

さらに三十数年後に登場した新幹線五〇〇系のデザインは、われわれをさらに驚かせた。完全にジェット機のノーズが、そこにはあった。席数を減らしてまでもこだわった機動車のシルエットは、またも飛行機ファンたちを巻きこんで、多くの鉄道ファンたちを感涙させたのだ。

空への夢を絶たれた航空エンジニアたちの執念ともいえるエネルギーで、立派な車両が完成した。だが、国鉄が分割民営化されたあとは、新幹線は新たな利権となってしまった。

選出議員と役人たちが手を取り合って、誰のものでもなくなった「元国鉄」をいいように使いまわして、いまや北海道にまで新幹線を走らせる計画だ。過疎地に住む人々は、都会からの観光客や移住者への期待から、新幹線を熱望した。しかし、それは過疎地の若者たちが都会へ出て行く手段ともなり、むしろその方が深刻な問題となった。

日本はオスプレイをつくれない

新幹線とは、車両と専用レールの両方を意味する言葉だ。じつに不思議な日本語だが、これは旧鉄道省と国鉄、および国鉄に強い影響力があった後藤新平《ごとうしんぺい》の言語センスに原因がある、とされている。後藤新平は満鉄総裁、のちに東京市長の職にあった人物だ。

言語センスの比較対象は旧郵政省で、こちらは前島密《まえじまひそか》がつくりあげた組織だ。簡単な言葉で比較してみよう。

鉄道に乗るのに必要なものを「切符」と呼ぶ。つまり「符」を切るわけだ。切った片方は乗車料金支払い証明として国鉄側にわたり、手元に残るのは領収証と考えればいいだろう。

そして、郵便で使用する言葉には「葉書」がある。葉書とは、平安時代、相手に想いを伝えるために、墨書可能な大きな葉に文をしたためて送ったという故事に由来している。つまり、郵政省におけるネーミングについては、前島の文学センスに負うところが大きい。

のちにJR東日本は、国鉄線のことを「E電」と称したことがある。同じころ、郵便には「かもメール」とか、「ゆうメール」などと、センスあるネーミングが多い。

言葉センスに欠ける鉄道省の伝統を受け継ぎ、世界に誇る超高速鉄道、別名「夢の超特急」を、ただの「新幹線」と称するようになったのだ。

一九五六（昭和三一）年になって、ようやくアメリカは日本に対しての「飛行機製造禁止令」を解除した。ルーズベルトの呪いが解けたのだ。

国産初の飛行機はYS－11という双発ターボプロップ機だった。

ターボプロップ機とは、ジェットエンジンに送る空気を圧縮するためのプロペラがあり、同時にプロペラは推進力も得る、というジェットエンジンの一歩手前の機体を指す。

期待も大きかったようで、零戦の堀越二郎、隼《はやぶさ》の太田稔《おおたみのる》、紫電改《しでんかい》の菊原静男《きくはらしずお》ら、戦時中に活躍した戦闘機の元航空エンジニアたちが参加した。

完成したＹＳ－11は、日本航空と全日空が採用し、ローカル便として活躍していた。

純国産と、マスコミは大きく報じたが、エンジンはイギリスのロールスロイス、プロペラも同じくイギリスのダウティロートル製だった。タイヤはアメリカのグッドイヤー、操縦システムと無線はアメリカのロックウェル・コリンズ製。素材のジュラルミンもやはりアメリカのアルコア製だった。国産だったのは窓ガラスだけ、という話も聞いた。

一九九一年湾岸戦争のとき、イラクのミサイルをアメリカ軍のパトリオットが多数撃墜した、と報道された。ジョージ・ブッシュ（父）大統領は、「これぞメイド・イン・ＵＳＡだ」と胸を張ったが、部品の八五パーセントは日本製だった。

アメリカ軍には、またステルスと称する、レーダーに映りにくい飛行機もある。機体や翼の表面を加工するわけだが、その技術は日本のＴＤＫなどのメーカーに拠るところが大きい。

この二つのエピソードは歳月の流れが立場を逆転した例だが、それにしても日本はいまだ国産の飛行機がない。もちろん、新明和工業がつくる対潜飛行艇ＰＳ－１などは、世界でただひとつの存在である。しかし、陸上発進の飛行機ではない。ましてや納入先は海上自衛隊に限定されている。つまり、公共事業なのだ。

私が疑問に思うのは、旅客機であろうが軍用機であろうが、つくらないのはコストの問題なのか、日本人エンジニアやメーカーに勇気がないからなのかということだ。

戦後日本は、「買ってくればいい」という発想に陥った。買う方が安くつくという安易な発想は、いかに声高に「日本のすぐれた技術」などと叫んでも、国民の多くは信じない。だから、オスプレイに反対はしたけれど、じゃあ国産でもっといいモノをつくろう、という声にはならない。

そうこうしているうちに、参議院でも大勝した自民党は、ついにオスプレイの自衛隊導入を決定した。大騒ぎしてから一年あまり、アメリカ海兵隊のＭＶ－22Ｂオスプレイは、わが国ではただの一度も事故を起こしていない。

沖縄県知事が、いくら「オスプレイに対する不安は払拭されない」といっても、むなしく聞こえる。多くの国民も、不安を抱いているのだろう。しかし、無事故であったことも事実で、この事実に目をつぶるわけにはいかない。

あとは、このような機体をつくることができないもどかしさが残るだけだ。国産飛行機づくりという夢を断たれた日本の現状を、オスプレイの呪いと考えるようになった。

第5章

国防とは何か——オスプレイの功罪

なぜクローズアップされるのか

MV－22Bオスプレイは、アメリカ海兵隊岩国基地（山口県）にいったん上陸したあと、整備を終えて普天間《ふてんま》基地（沖縄県）に配備された。

アメリカから運んできたのは、自動車運搬船グリーンリッジである。飛行機を自動車運搬船で運んできたこと自体、たいへんユニークかつデリケートな状況であったことをうかがわせる。二〇一二年七月二三日のことだ。

同年一〇月一日、オスプレイは岩国基地を離陸したのち転換飛行。普天間基地への着陸までの一部始終を、日本中のマスコミがこぞって報道した。

もちろん配備が決まって以来、おもに否定的な情報があふれていた。否定的な情報の主たるものは、オスプレイ訓練中の事故に関するそれだった。皮肉なことに、それら事故情報は、ほとんどがアメリカ国防総省からもたらされたものだった。

ただひとつの軍用機が、いや陸上・海上を問わず、兵器という存在が、これほどまでにクローズアップされたことはない。では、なぜこれほどまでに、人々の関心を集めたのか？

最大の要因は、その「飛び方」だろう。

垂直上昇ののち、水平飛行に転換するシステムは、すでに述べたように、航空機設計者の夢であった。悲しいことに日本は、先の大戦で敗北して以来、飛行機だけは進歩できない技術への反動なのか、オスプレイの「飛び方」に異和感を覚えるのかもしれない。

ネガティブな報道も、さらに注目を集める要因となる。繰り返しの報道によって、多くの人たちに「またか」という感情が湧き始め、やがて「オスプレイ＝悪」、というイメージが定着する。

事故があったという報道も、衝撃とともに注目の的となる。

すでに述べたように、訓練中の事故に関するアメリカ側からの情報によれば、「パイロットが操縦に慣れていなかった」ことを、理由としてあげていた。とりわけオスプレイの着陸時における事故が多かった。まったく新しい飛行機だから、パイロットが、操縦を習熟するには時間がかかる。これは容易に推測できる。

飛行中の飛行機にとって、つまり乗っている人たちにとって、もっとも恐ろしい事態は失速だろう。飛行機が空に浮いているためには、揚力が働いている必要がある。揚力を維持するためには、ある程度のスピードが必要だ。機体重量、翼面積などによって異なるが、エンジンが止まれば、おおむね飛行機は失速し、墜落する。

翼面積が大きく、機体重量が軽ければ、推力を失ったとしても、滑空することができる。

グライダーを思い浮かべてほしい。グライダーにはエンジンがないが、牽引《けんいん》して空中に浮かせたあとは、ずっと飛び続けることができる。だが、グライダーを飛ばすためには、やはり操縦技術が必要となる。素人《しろうと》がいきなりグライダーに乗って飛行することはできないのだ。

アメリカ海兵隊のパイロットは、もちろん素人ではない。しかし、機種が何であれ、パイロットに均一な操縦技量があるわけではない。ましてや、オスプレイはこれまでにない飛び方をする飛行機だ。オスプレイが完成するまでには、数多くの実験飛行があった。メーカーや軍のテストパイロットが担当するわけだが、大きな死亡事故でもないかぎり、実験飛行のプロセスは明らかにされることはない。軍事機密だ。

事故と呼んでいいのかは知らないが、機体部品の不具合や設計上のミスなどによるアクシデントは、実験飛行を重ねることで明らかとなる。

なお、実験飛行に使用されたオスプレイのうち、四〇機ほどが行方不明となっている。行方不明とは少し乱暴な表現だが、多くのマスコミは、これを何かの隠蔽《いんぺい》であると勘ぐっているようだ。

行方不明機の内訳は、オスプレイの実験機が一〇機、あとは初期ロットの機体が三〇機ほど。いずれにせよ、メーカーは日々バージョンアップしているわけだから、なんらかの理由で飛行できなくなったということなのだろう。

なお、配備後(二〇〇九～二〇一二)の事故は、死亡事故を含めて四件である。

騒音と墜落の危険度

実験飛行時代から、オスプレイに乗っていたテストパイロットたちには、経験が蓄積される。数々のアクシデントを含んだ経験が蓄積されるのだ。この人たちが教官となって、実戦投入された完成版オスプレイのパイロット候補生たちを訓練する。そして、訓練された海兵隊のパイロットたちが、さらに新しい候補生たちを鍛える。

同時に、オスプレイもまたどんどん改良される。

しかし、オスプレイがＶＴＯＬ機である、という事実は変わらない。同時に、輸送機として任務をこなすという軍の要求も変わることはない。

垂直上昇↓水平飛行という飛行形態に関する不安については、これから事故を起こさないことで解消していくしかない。慣れるしかないのだ。

だが、そういったレベルに止まらない、さらに深刻な問題が明らかになっている。

まず、騒音問題である。大きなプロペラが二つも回転しているのだ。うるさくないはずがない。昨今のプロペラ駆動は、ほとんどがターボジェットエンジンを採用している。もちろん、ヘリコプターだってジェットエンジンで動いている。

プロペラ回転＝ピストンエンジンというのは、やはり飛行機との縁を断たれた日本人の錯覚と思いこみだ。ピストンエンジンは、その特性上、うるさいのは排気音だけである。

それに反して、ジェットエンジンは排気で動いているといっていい。エネルギーがそのまま音になるわけだから、うるさい。

さらにサイズの大きいプロペラが回転する際に発生する、重低音が身体に悪そうだ。報道などの映像からも、普天間基地周辺住宅の窓ガラスが振動していることが見てとれる。年中、野外コンサートの会場にいるようなものだ。好むと好まざるとにかかわらず、日々重低音にさらされ続けることになる。野外コンサートがいやなら、行かなければいい。しかし、普天間基地周辺に居住している人たちにとっては大問題である。

墜落の可能性、ということになれば、オスプレイに限らず、普天間に離発着するすべての軍用機、ヘリコプターが危険である。

実際に沖縄国際大学に海兵隊のヘリが墜落した。皮肉なことに、墜落したヘリは、ベトナム戦争で実戦に投入され、以後改良に次ぐ改良を重ねてきたCH－53Dだった。五〇年近く現役の機体だ。それほど信頼性が高いヘリでも落ちるのだ。ましてや、新型のオスプレイに危険がないわけがない。沖縄県の首長たちが憂うのも無理はない。県民が不安になるのも無理はない。

今は移転して安全になったが、前世紀末ごろの旧香港啓徳《けいとく》国際空港の離発着は、恐怖すら覚えるほどだった。まさに街中《まちなか》の真上に747が降りてくる。

乗っていると、まるでビルとビルの間を飛んでいるように見えたし、地上から見上げると、ちょっと高いビルの屋上から手が届くのでは、と思った。それほど低いところを飛んでいたのだ。

普天間と違って、啓徳空港では墜落事故は起きなかった。危険で離発着が難しいがゆえに、熟練パイロットの操縦技術がいかんなく発揮された結果だろう。公務員である海兵隊パイロットと、旅客の命をあずかる民間パイロットの意識の違いといえばそれまでだが、事故が起きる可能性は、飛行機が空を飛んでいる限りゼロではない。ゼロにはなり得ない。

そして、機体だけに限っていえば、民間航空会社は飛行機の種類がどんどん少なくなっている。加えて、飛んでいる時間のほとんどが、コンピューター制御による自動操縦運行が一般的となった。よし悪《あ》しは別にして、日本の民間パイロット訓練は、フライトシミュレーターによって行われている。訓練用機材の調達困難や燃料費高騰《こうとう》などの要因が考えられるが、なにより小型練習機を使った訓練にはあまり意味がない、という意見もあったようだ。いずれにせよ、どんな軍用機も民間機に比べたら、危険度が高いのは確かである。

コンコルドの引退劇

民間旅客機の発達という視点で振り返ると、ジェットエンジン採用による大型化の波があった。ダグラスDC－8、ボーイング707（いずれも四発エンジン）などの大型機で一応の完成を見たあとは、多少小型化されたボーイング727（三発）などの試行錯誤を経て、一気に巨大化したボーイング747ジャンボ（四発）が登場した。

これをもって、民間機に要求される大量輸送という問題はクリアできた。日本の航空会社はすべて購入した。いずれもアメリカ製という事実が気になるが、日本という国が置かれた特殊な事情による結果だろう。

残るテーマはスピードだった。

スピードだけを追求した飛行機を、世界の人々は期待した。その結果、ついに、英仏共同開発によるコンコルドが完成し、ジャンボの倍以上のマッハ二の速さで飛ぶことが可能となった。

世界は感動したが、使用燃料の量が半端《はんぱ》ではなく、なおかつスピードを実現するために細くなった胴体では、多くの旅客を乗せることができなかった。加えて、フランス航空エンジニアが無尾翼機（デルタ翼）にこだわったため、見た目は美しいが、あまり実用的ではないという結果も明らかとなった。

国産にこだわるアメリカは買わず、同様に日本も買わず、コンコルドは結局、フランスとイギリスのみが採用した。さらに諸般の事情もあって、開発を主導した二国からアメリカ大陸への大西洋航路しか路線がひらけない状況になった。

大量の燃料消費と少ない定員。音速の二倍で飛ぶというリスク。

さらに、不安定と見られていたデルタ翼機を操縦する高度な技術。高度な技術を駆使するクルーの育成と維持。整備もまた同様に、高度な技術が必要だったろう。

これらの要素を計算すると……。答はあまりに高額な搭乗料金という結果となった。

「コンコルド初飛行に成功」という記事が日本をにぎわしたころ、各界の識者がいろいろなコメントを寄せていた。おおむね「驚いた」「すばらしい」というようなコメントであったが、中にユニークなものがあった。「デルタ翼に対する信頼性に疑問」という意見だった。

デルタ翼機が危険とみなされる事実の陰には、デルタ翼機にこだわるフランスの意地があった。フランス空軍のミラージュという機体は、戦闘機や爆撃機など多くのバリエーションがあったが、すべてデルタ翼で設計された。

戦前、戦中を通じて、日本はデルタ翼機をつくろうとしなかった。軍も技術者も、知らなかったのかもしれない。さらに、戦後になると日本は飛行機をつくることが禁じられた。したがって、専門家も含めてほとんどの日本人技術者が、コンコルドを理解できなかったと考えられる。

コンコルドは日本に飛来したことがある。フランスの首脳を乗せてやってきた。多くの報道により、美しい映像となって流れた。巨大な鶴が飛来したように見えた。着陸の際には、コクピット部分がぐっと下がるシステムだったので、鶴に似た美しさが増した。

だが、その後、不運ともいうべき着陸失敗による事故でおよそ二〇〇人もの死者を出し、コンコルドは退役した。事故をきっかけに、あるいは理由にしてという見方もあった。莫大《ばくだい》な開発経費と安全確認のための諸費用はパーになってしまった。

コンコルドは現在、アメリカのスミソニアン博物館に展示されている。新しい方式の飛行機は、安全性の高い旅客機であるコンコルドでさえ、引退した。歴史から消え去ったのだ。報道のしかたもあるだろうが、多くの人々が、「まったく新しい方法で飛行する軍用機、オスプレイが信用ならない」と考えるのも無理はない。

オスプレイが、多くの日本人の信頼を勝ち取るためには、少なくとも日本に配備された機体で事故を起こさないことだろう。

オスプレイでひと儲け？

オスプレイの功罪を考えてみよう。

くどいようだが、オスプレイの離発着に滑走路はいらない。これは大きな利点だろう。日本中どこでも運用可能、ということになる。

オスプレイはアメリカ製だ。だが、自国のみの使用ではさまざまな限界がある。開発費や製造コストを考慮すれば他国、いや自由主義市場経済である同盟国に売る必要がある。

アメリカの同盟国といえば、まず日本だ。日本には日米安全保障条約がある。買うのは当然だろう。

私はものごころついたころから、「アンポハンターイ！」のかけ声を聞いて育ったので、個人的にはいささか複雑な心境ではあるが、歳を重ねるにつれ、「安保はもはや既成事実」と受け止めている自分がいる。世間を見ても、声高に反対し、否定しない限り、「日米安保は容認」とみなされる風潮になってしまった。

だから、沖縄県に米軍基地が集中している問題についても、根本的に「アンポハンターイ！」という意思表示をしない限り、集中していることすら容認、ということになるのだろう。

それが証拠に、他の都道府県に基地移転の話を持ちかけたとたん、絶対反対という声が上がる。声を上げているのは、各自治体首長だが、彼らは選挙で選ばれてその立場にある人たちだ。住民の意思と考えてよいだろう。

オスプレイ飛行訓練に反対する他の都道府県の住民について、ユニークな報道を見た。

現在、米軍が訓練飛行を実施しているエリアに住む人が、頭上を飛行する米軍機の写真を撮り、やがて実施されるオスプレイ訓練飛行にそなえて騒音を計測している、というのだ。専門で行う役人や民間会社の人ではない。普通の人が、だ。

彼は米軍機の写真や騒音データを記録して、自治体に提出しているそうだ。きわめて民主主義にのっとった手法で、証拠集めをしている、というのだ。高度一五〇〇メートル以上で訓練飛行、という日米政府の申し合わせにうそがないか、それを証明するために。

ただ、「申し合わせに違反している」事実を目撃した、騒音がうるさい、と声を上げても、行政には届かないし、ましてや在日アメリカ軍には届かない。

集積したデータを提示することは、きわめて有効な手段だろう。ただ、「うるさい、危険だ」と主張しても、相手にしてもらえない。しかし、データを手渡すことができれば、相手が誰であろうと突き返すわけにはいかないだろう。

アメリカ軍訓練に関するデータを行政が受理した場合、ただちに破棄するわけにはいかない。窓口の担当者が住民の苦情を形あるデータとして受け取ったなら、上司または担当セクションに上げることになる。

ひとりより二人、二人より三人と件数が増えるにつれ、行政はなんらかのアクションを起こす。そう、それが行政の仕事なのだ。現在のように、マスコミによって「日本中の関心が集まっている」と報道されているケースであれば、ただ「住民からの苦情」ではすますわけにはいかない。そう考える役人もいるかもしれない。

だが、住民からの情報である以上、行政は裏付けをほしがる。もし、住民からの情報にまちがいがあったら、この場合、誤情報に関する責任は、行政が負うことになる。それだけは、避けたい。

多少悲観的な流れになるが、ここからの展開を考えてみよう。あくまでも常識の範囲で、である。

住民からの訴えがあった場合、真偽のほど、という見解もあろうが、おおむね「より精度を上げるため」という大義名分のもとに、行政は検証する。

行政の仕事にするには、「まず予算」ということになる。住民からの訴えを退ける、あるいは「なかったことにする」と、予算は発生しない。だから、きびしい財政に苦しむ自治体では、訴えを退けるという手法を採る可能性が高い。

しかし、このケースを好機ととらえる自治体もあるだろう。ご存じのように、予算はあくまでも予算である。役人にとって、「足りませんでした」という事態は、それこそ「あってはならない」そうだ。だから、多少なりとも多めに請求する。

同時に、予算には使途に対する根拠が必要となる。根拠がなければ、それこそ架空請求とみなされることもあるからだ。

米軍機の訓練の様子を撮影したり、騒音を計測したのは普通の人だった。努力は買うが、いかんせん専門家ではない。では、対処する行政サイドはどうか？　同じく、彼らも専門家ではない。

となれば、行政として実態を調査するには、専門家を雇うしかない。相応の機器も必要となる。いずれも予算の根拠となる。必要な専門家の人件費と各種計測機器の代金×かかるであろう日数＝予算、ということになる。

百万や千万単位ですめばよいが、長引くと億という可能性もある。計測作業がずっと続く事態にならないとも限らない。そう、まるで「原発の安全性をチェックする作業」のように。

原発ができて以来、原子力委員会と原子力安全・保安院という組織があった。いずれも国家の組織だった。つくったのは旧自民党政権時代だ。

しかし、福島第一原子力発電所で事故が起こった。その後両組織は廃棄され、新しい組織、原子力規制委員会が誕生した。原発には、いくら突っこんだかわからぬほど税金が投入された。役所仕事とはよくいったもので、予算でした仕事は弁償する必要はない。法律にそう書いてある。

ちょっと横道にそれたが、オスプレイでひと儲《もう》け、とは言いすぎかもしれないが、行政が検証する事態になると、同じ轍《てつ》を踏む可能性が生じる。

こうした問題は、すなわちオスプレイの訓練飛行がもたらすかもしれない、利権というあらたな自治体の行き着く先についての、ひとつの可能性だ。

ヌードカレンダーから見えること

もうひとつ、沖縄県のさらにユニークな報道を見た。

沖縄県の男性消防士のみなさんが、鍛えた身体を披露したヌードカレンダーがあるという。全国から集まった女性ファンといっしょに、マッチョな身体でポージングする男性が写真に写っている。

そこには、思わぬ動機があった。沖縄県には、ドクターヘリが一機しかない。もう一機、民間の救急ヘリがあるが、維持費が年間約一億円かかる。

そこで、彼ら消防士のみなさんが、文字通り「ひと肌脱いで」、『Fire Fighter』と称するカレンダーを売ることにした。そして、カレンダーの売上金を救急ヘリの維持費として寄付する、というのだ。

ちなみに、消防士ヌードカレンダーのルーツはＦＤＮＹ（ニューヨーク市消防局）だ。はからずも、沖縄県の救急医療の実情が理解できたうえに、離島や離村の医療事情が明らかとなった。

ドクターヘリの運用については、日本ではまだ始まったばかりで、実績については公的機関の発表するデータを信じるしかないが、少なくとも現時点での費用対効果を論じるには時期尚早だろう。それを承知したうえでも、離島の多い沖縄全土で二機とは、いかにも少ない感がある。

単純な事実としては、普天間基地にも嘉手納《かでな》基地にも、ヘリは山ほどある。必要なケースが生じたときは、頼んだらいいじゃないかと思う。

もちろん、日本が依頼する形になるし、アメリカ海兵隊や空軍が任務優先を盾に断ってくるだろうことは百も承知なのだが、そこをなんとかするのが政治ではないだろうか。

誰もが「あり得ない」「そんなことができるはずがない」とか、「なぜそんなことをしなければならないのだ」と言うだろう。では、なぜできないのか。役人をはじめ、関係者の多くがプライドを傷つけられるからだろうか。

いや、違う。

こういった問題解決法が、具体的には電力（原発関連含む）やガスなどの分野にもまかり通ったらどうなるか。何もかもが、きわめて合理的に解決されたらどうなるか。役人や関係者たち、さらに既得権＝利権で生きている人たちは、彼らの仕事を脅かされることになる。

ちなみに電力、ガス、石油関連の業種を、昨今はライフラインという。ゆとり世代の新卒離職率が高いそうだ。とりわけ飲食、教育関連、物販などは五割に迫る。しかし、ライフライン関連業種の離職率は、いずれも一割に満たない。既得権業種は、やはり居心地がいいようだ。

次に述べる事態の流れにも、このことが見え隠れしている。

災害時におけるアメリカ軍

一九八五年八月、羽田発大阪行きの日本航空123便、ボーイング747が群馬県の御巣鷹《おすたか》の尾根に墜落して、五〇〇人を超える死者を出した。

翌日のアメリカ軍の日刊紙『スターズ&ストライプス』にこんな内容の記事が出た。

「アメリカ軍は救助ヘリで、ただちに救助に向かう用意がある、と日本政府に申し出た。しかし、日本政府はこの申し出を断った」

同時に、『週刊ポスト』に連載中だった、墜落事故に関するグラビア記事も突如中断。中曽根《なかそね》政権であったが、いったい何があったのか。どういうことだったのか。今もって謎だ。

それから一〇年、一九九五年一月。阪神・淡路大震災が発生した。人口密集地で起きた大地震だった。火災も発生し、避難場所も少なく、寒さはきびしかった。

国内外から、多くの支援の手が差し伸べられた。そんな中、アメリカ海軍からも申し出があったそうだ。大型空母を神戸港に入れる、という。公称によると、アメリカ海軍大型空母の乗組員は約五〇〇〇人。それだけの居住スペースがあるということだ。われわれ被災者はこのニュースを喜んだ。久しぶりに熱い風呂に入れるのだ。そして、暖かいベッドで眠ることができ、温かい食事にありつける。加えてアメリカ海軍の巨大空母を体験できるのだ。

「空母がだめなら、強襲揚陸艦でもいい。あれも四万トン以上あるし、なにしろ三〇〇〇人が居住できる」と、友人たちは大いに期待していた。

ところが、何が原因かはわからないが、日本政府はあっさりとこの申し出を断った。当時は、社会党の村山首相を戴《いただ》く連立政権だった。

代わりといってはなんだが、日本海上自衛隊の輸送艦「みうら」がやってきて、ドラム缶ながら風呂をつくってくれた。われわれは「みうら温泉」と称したものだ。

そして二〇一一年、こんどは東日本大震災が発生。菅《かん》首相率いる民主党政権時だった。

アメリカ陸海空軍および海兵隊は、大規模な「ともだち作戦」を展開。二万人以上の兵を投入した。艦船、ホバークラフト、地上走行車両、そしてヘリコプターも投入された。主たる任務は、行方不明者の捜索という、もっとも厳しいところを担当した。

アメリカだけではない。数多くの国々が兵を送りこみ、原発爆発があったにもかかわらず、救助の手を差し伸べた。とりわけニュージーランドは、直前に大震災があったにもかかわらず、救助隊を送ってくれた。

このように、月日の流れとともに、アメリカに対する行政の対応も変化している。だから、沖縄のドクターヘリが二機しかないのなら、アメリカ海兵隊に頼めばいい。彼らは、昔から、そしてこれからもずっと「そこ」に居るのだから。彼らは即応部隊だ。命令さえあれば、どこへでも行く。そのためだけに、彼らは訓練しているのだ。訓練を兼ねて、オスプレイを救急ヘリの代わりとして使用すれば、あるいは美談になるかもしれない。

もちろん沖縄には自衛隊基地がある。海上保安庁の支部もある。アメリカに頼む前に、自衛隊や海上保安庁にヘリの出動を頼むのが筋だろう。どうして、頼まないのか。

縦割り行政の弊害、といえばそれまでだが、もっと悪いのは、縦割り行政の弊害を「しかたないと割り切る」われわれ日本人の気質にこそ原因があるのかもしれない。

こういった問題を考えさせてくれるなら、オスプレイの功というべきかもしれない。

よけいなことだが、阪神・淡路大震災のときは大変だった。

当時、神戸市はいわゆる革新体制だった。

「おかげで自衛隊車両は、神戸市内を通行することはまかりならん、という状況でしてね。姫路の駐《ちゅう》屯《とん》地《ち》へ行くにも、中国自動車道を利用するしかなかったんですよ」とは、当時取材した陸自中部方面隊広報の弁だ。

しかし、ひとたび大震災が起こるや、事態は急変した。

全国から集められた自衛官たちの宿泊設備が必要となる。仮の駐屯地が必要となるのだ。革新体制だった神戸市は、あっさり王子公園を提供し、ここに人員と備品の集積基地ができた。

もちろん、ヘリもたくさん降りてくる。神戸ルミナリエのメイン会場で知られる東遊園地は、神戸市役所のすぐ南にある。そんなに広い公園ではないのに、ここに陸自の大型ヘリＣＨ－47チヌークが降りてきたのには驚いた。騒音どころではない。公園だから下は土なので、舞い上がる土煙と回転翼が起こす強風で、その横を通勤する人々は目を閉じたまま、立っていられないほどだった。

だが、われわれは思った。やればできる、とはこういうことではないか、と。

オスプレイの抑止力

もっとも重要な事案、あるいは予想されるアメリカ海兵隊の訓練について考えてみよう。

尖閣《せんかく》諸島問題が沸騰《ふっとう》している。「日本国有の領土であることに疑いはない。したがって領土問題は存在しない」と、野田《のだ》前首相は強気の発言を繰り返していた。

中国政府も同様の発言を繰り返していたが、日本政府は、中国側の訴えを無視している。

まず、石原元東京都知事が、尖閣諸島を都で買い上げると言い出した。それを受けて、今度は野田政権が「国有化する」と、地主から買い上げた。

日本政府が尖閣諸島を国有化した件を、中国のメディアは繰り返し繰り返し報道した。その結果、中国に反日デモの嵐が吹き荒れた。在中日本企業や日系の販売店や日本食を供する店舗が焼き討ちされた。これらのデモに関しては、日本のマスコミによる報道で知った。

素朴な疑問がある。なぜ野田政権は、あのように強気に出たのだろうか。

もちろん日本政府には外務省がある。外務大臣もいるけれど、現場で実務を行うのは役人だ。外交は相手があって、初めて成立する。ならば、中国外務省とも、役人同士で事前に話をしていたはずだ。にもかかわらず、中国各地で反日暴動が頻発した。あれは外務省的には予想の範囲内だったのか。あるいは、中国政府がひそかに主導したデモなのか。

オスプレイに話を戻そう。

沖縄に配備されたオスプレイの訓練が始まった。オスプレイは輸送機だ。人員や物資を運ぶためにある。オスプレイは軍用機だから、兵士や武器、あるいは軍用品を運ぶ。

沖縄の普天間基地から、いずれかの戦場へ運ぶことになる。

オスプレイは沖縄に配備してある。そのうえ、日米安保がある。締結以来、ただの一度も発動されたことはないが、もし日本が侵略されたときは、発動するさまをわれわれは初めて目の当たりにすることになる。

現在、竹島には韓国軍が駐屯している。竹島を日本の領土と主張するなら、日米安保が発動しても不思議はない。日本は憲法で、戦争放棄をうたっている。日本が手を出せないケースであれば、アメリカ軍の出番だろう。

だが、アメリカ軍は韓国にも駐在している。北朝鮮の脅威に備えて、ソウル市のど真ん中に基地がある。度重なる北の挑発を考慮すれば、アメリカ軍は韓国とことを構えるつもりはないだろう。

尖閣諸島の領海にしても、中国海軍の艦船にたびたび侵入されている。毎日のように侵入されている。中国側からの発砲があれば、日米安保によりアメリカ軍が迎え撃ってくれるケースだ。

日本政府が色めきたった、中国艦による射撃管制レーダー照射という行為は、中国政府の指示であったのか。はたまた、現場の先走りであったのか。海上保安庁から報告は上がったそうだが、防衛大臣は、いや総理大臣は動かなかった。一触即発の事態には対応できなかったのだ。

このことを弱腰と見るか、あるいは中国に対して貸しをつくったと見るかによって、東シナ海における不穏な情勢を読み解くことができる。

沖縄駐留のアメリカ軍が、このケースをどう見たかということについては謎のままだ。しかし、ソ連崩壊後の軍事力という視点で見れば、アメリカにとって、むしろ中国が脅威なのだ。

さらに緊張が続くようだったら、日米は協力して尖閣諸島周辺で軍事訓練を行うこともあり得る。当然、オスプレイも投入されるだろう。話題になっている分、見た目以上に効果は大きいからだ。

オスプレイの往復可能な位置を計算すると、尖閣諸島や竹島へは余裕で兵士たちを運ぶことができる。このことは、いったん岩国に輸送されたオスプレイが、普天間基地までの一〇〇〇キロを余裕で飛行したことで証明された。さらに、オスプレイがギリギリの飛行だったのか、余裕があったのかという点に関しては軍事上の機密であり、敵対している国を疑心暗鬼に陥らせる。

オスプレイを強襲揚陸艦に搭載した場合、朝鮮半島から台湾、中国本土だってかなり奥まで飛行可能だ。相手国にそう思わせることこそが、抑止力となり得る。

もし、東京を制圧するなら……

オスプレイは一機あたり、パイロット二人とフル装備の兵士を二四人乗せることができる。沖縄には二四機のオスプレイがいるから、兵士のみを輸送したとして五七六人。一度に運用すれば、かなりの規模の戦力となる。

中国本土や北朝鮮は、衛星写真のデータやグーグルのストリートビューがあっても（北朝鮮はないと思うが）、やはり土地不案内の感は否めない。ならば、街を知り尽くしている東京で作戦が展開されたらどうなるだろう。

仮に、アメリカ海兵隊が東京で作戦を展開した場合、兵士が三〇〇人いれば、つまりオスプレイに乗れる兵士の数の半分の戦力を投じて三日で制圧可能、とするデータもある。報道がきちんと機能すれば、三日もかからないだろう。

攻撃目標は、まず国会、そして霞《かすみ》が関《せき》、東京都庁、市ヶ谷（防衛省）、桜田門（警視庁）、放送局、変電所、電話会社、主要ターミナル、金融機関中枢《ちゅうすう》などが考えられる。

最初は報道させて、次に放送局を制圧する。もちろん東京スカイツリーも破壊されるだろう。報道ヘリは撃墜されるだろう。被害を大きく見せるため、そして「何が起こっているのか」をわからなくするのが目的だ。

建物や設備を破壊してもいいし、ただ火を点けるだけでもよい。さらに、傷ついた人たちの映像と動揺して混乱する人たちの映像も、十分に効果はある。なぜなら、東京で起こっていることを見る地方の人たちの反応という予測しやすい状況を、攻める側が考慮するからだ。早急に、首都圏は孤立する。

さらに効果があるのは、電子情報戦部隊の投入による、スマホなどの通信手段を途絶させることかもしれない。多くの若者をはじめ、それを仕事のツールとしている人々の反応はいかに。

要人は人質にとってもいいし、皆殺しでもかまわない。もっとも効果的な方法は、戦闘で多くの負傷者を出すことか。すでに死んだ人は放っておいてもかまわないが、負傷者を見捨てることはできない。それが人間の性だ。

負傷者一人あたり、最低でも一人が付きっきりとなる。つまり倍の人数が逃げることができなくなる。目前で瀕死《ひんし》の重傷者を目の当たりにすると、日本人であれば効くはずだ。たったそれだけのことで、日本は国家としての機能を失う。

ちょっと怖い仮定を書いたが、駐屯するアメリカ軍にとって最大の仮想敵国は、中国や北朝鮮ではなく日本であることを忘れてはならない。

なぜなら、第4章に書いた通り、日本には核（原発）があり、ミサイル（ロケット）があり、陸海空三軍（自衛隊）があり、かつてはなかった大規模な生産設備（最新鋭技術を誇る工場）があるからだ。さらに、アメリカに戦争をしかけた唯一の国でもある。

逆に日本サイドから見ると、原発を含むすべての情報を、在日アメリカ軍に握られているだろうから、絶対に逆らうことはできない。これを信頼と呼ぶか、あるいは従属と称するかは、個人の見解が分かれるところだろう。

日本は、アメリカを仮想敵国として認識しているのだろうか。

日本では「奇襲攻撃」と称し、アメリカでは「だまし討ち」とされる、日本海軍連合艦隊によるハワイ真珠湾攻撃は、あきらかに他国への侵略であった。大規模軍事テロとする解釈もある。

歴代の首相、あるいはこれから首相になる人たちは、日米安保の本質を知っている。日米安保の本質は、アメリカによる日本の監視と管理である。アメリカが事を起こすとき、ついていかなければ反逆と見なされることになる。

東京制圧の仮定からも証明できるようにオスプレイは私たち日本人にとって、日米安保の意味を再確認する機会ともなっているのだ。

沖縄配備のオスプレイはこれまで無事故であった。訓練地を変えても無事故のままである。

同様に、日本も無事であってほしい。

著者略歴

兵庫県に生まれる。

一九九四年『奇想天外兵器』（新紀元社）を出版。好評につき第二弾を一九九五年一月一七日の阪神・淡路大震災直後の二月に刊行する。以後、『奇想天外兵器』シリーズは一〇冊となり、『奇想天外装備品』も刊行。その後、関連のフィギュアをタカラトミーから発売する。

著書には『聖剣エクスカリバー』（全五巻）『馬超風雲録』（全五巻）『奇想天外武器 アクション映画大全』（以上、小学館）、『奇想天外ヒコーキ映画』（山海堂）などがある。

名機《めいき》オスプレイの呪《のろ》い

二〇一四年 五月一二日 第一刷発行

著者 渓《たに》由《ゆ》葵《き》夫《お》
画 河野《かわの》嘉之《よしゆき》
発行者 古屋信吾
発行所 株式会社さくら舎 http://www.sakurasha.com
東京都千代田区富士見一-二-一一 〒一〇二-〇〇七一
電話 営業 〇三-五二一一-六五三三 FAX 〇三-五二一一-六四八一
編集 〇三-五二一一-六四八〇
振替 〇〇一九〇-八-四〇二〇六〇
装丁 石間 淳
写真 US Navy+USAF+Marines
印刷・製本 中央精版印刷株式会社

ISBN978-4-906732-75-3